W0255441

ISW Forschung und Praxis

Berichte aus dem Institut für Steuerungstechnik
der Werkzeugmaschinen und Fertigungseinrichtungen
der Universität Stuttgart

Herausgeber: Prof. Dr.-Ing. Dres. h.c. G. Pritschow

Band 123

Springer-Verlag Berlin Heidelberg GmbH

Gerhard Hammann

Modellierung des Abtragsverhaltens elastischer, robotergeführter Schleifwerkzeuge

Springer

D 93

ISBN 978-3-540-64787-4   ISBN 978-3-662-08796-1 (eBook)
DOI 10.1007/978-3-662-08796-1

Gesamtherstellung: Druckerei Kuhnle, Esslingen
SPIN: 10688614   62/3020-543210

Geleitwort des Herausgebers

In der Reihe „ISW Forschung und Praxis" wird fortlaufend über Forschungs-
ergebnisse des Instituts für Steuerungstechnik der Werkzeugmaschinen und
Fertigungseinrichtungen der Universität Stuttgart (ISW) berichtet, das sich in
vielfältiger Form mit der Weiterentwicklung des Systems Werkzeugmaschine
und anderer Fertigungseinrichtungen sowie der Produktionstechnik beschäftigt.
Die Arbeiten dieses Instituts konzentrieren sich im besonderen auf die Bereiche
Numerische Steuerungstechnik, Planungs- und Leitsysteme, Softwaretechnik,
Maschinen- und Industrierobotertechnik sowie Meß-, Regel- und Antriebssys-
teme, also auf die aktuellsten Bereiche der Fertigungstechnik. Dabei stehen
Grundlagenforschung und anwenderorientierte Entwicklung in einem stetigen
Austausch, wodurch ein ständiger Technologietransfer zur Praxis sichergestellt
wird.

Die Buchreihe erscheint in zwangloser Folge und stützt sich auf Berichte
über abgeschlossene Forschungsarbeiten und Dissertationen. Sie soll dem
Ingenieur bei der Weiterbildung dienen und ihm Hilfestellungen zur Lösung
spezifischer Probleme geben. Für den Studierenden bietet sie eine Möglichkeit
zur Wissensvertiefung. Sie bleibt damit unter erweitertem Namen und neuer
Herausgeberschaft unverändert in der bewährten Konzeption, die ihr der Grün-
der des ISW, der leider allzu früh verstorbene Prof. Dr.-Ing. G. Stute, im Jahre
1972 gegeben hat.

Der vorliegende Band befaßt sich mit der Modellierung des Abtragsverhaltens
elastischer Schleifwerkzeuge, wie sie zur Feinbearbeitung von Freiformflächen,
speziell zum Einebnen von Fügezonen, Glätten von Bearbeitungsspuren oder
Abtragen von Aufmaß eingesetzt werden. Die Kenntnis der Wirkzusammenhänge
zwischen Bearbeitungsparametern, Werkzeugeigenschaften und Werkstückgeometrie ist beim Einsatz elastischer Werkzeuge unabdingbare Voraussetzung
für eine automatisierte Bearbeitung. Die drehzahlabhängigen Effekte werden
aufgezeigt und bei der Berechnung der für den Abtrag entscheidenden Kontaktkraftverteilung und des resultierenden Abtragsquerschnitts mitberücksichtigt!

Der Herausgeber dankt der Druckerei für die drucktechnische Betreuung und
dem Springer-Verlag für die Aufnahme der Reihe in sein Lieferprogramm.

G. Pritschow

Vorwort

Die vorliegende Arbeit entstand während meiner Tätigkeit als wissenschaftlicher Mitarbeiter am Institut für Steuerungstechnik der Werkzeugmaschinen und Fertigungseinrichtungen der Universität Stuttgart.

Herrn Prof. Dr.-Ing. Dr. h.c. G. Pritschow danke ich sehr herzlich für seine wohlwollende Unterstützung bei der Durchführung meiner Arbeiten sowie für die Übernahme des Hauptberichts.

Herrn Prof. Dr.-Ing. Dr. h.c E. Westkämper danke ich sehr herzlich für die Bereitschaft zur Übernahme des Mitberichts.

Herrn Dr.-Ing. F. Krauß gilt mein besonderer Dank für die gründliche Durchsicht des Manuskripts und seine wertvollen Anregungen.

Die kollegiale Zusammenarbeit am Institut und den regen fachlichen Austausch habe ich sehr geschätzt. Dies gilt insbesonders für meine „alten" Kollegen aus der Gruppe von K.-H. Wurst: Armin Horn, Bernd Renz, Roland Wagner, Werner Schmid und Hans Gronbach sowie für meine „jungen" Kollegen aus der Sensorgruppe: Peter Demel, Stephen McCormac und Karsten Haug.

Zu Dank verpflichtet bin ich auch den vielen Studienarbeitern und Hiwis, allen voran Konstantin Baxivanelis, Tang Long Tran und Martin Schreck.

Mein Dank geht nicht zuletzt auch an meine Ehefrau Birgit für ihre Begleitung und moralische Unterstützung.

Gerhard Hammann

„...denn des vielen Büchermachens ist kein Ende!"   *Salomo, 950 v. Chr.*

Inhaltsverzeichnis

Formelzeichen und Abkürzungen

Formelzeichen und Abkürzungen, die nur an einer Stelle im Text vorkommen und dort erklärt sind, wurden nicht in dieses Verzeichnis aufgenommen.

Formelzeichen:

$a_0 ... a_n$	Parameter der Polynomapproximation
A_Q	Abtragsquerschnittsfläche
b_w	Stegbreite einer lokalen Geometriestörung
E	Elastizitätsmodul
E_{ij}	Element der allgemeinen Elastizitätsmatrix
F_G	globale Anpreßkraft auf das Schleifwerkzeug
F_k	lokale Kontaktkraft
F_{ka}	approximierte, lokale Kontaktkraft
F_m	lokale Trägheitskraft am Massenelement
F_s	lokale, tangential angreifende Schnittkraft
h_w	Steghöhe einer lokalen Geometriestörung
K_A	spezifischer Abtrag
k_t	Standzeitfaktor
$\overline{K}$	Steifigkeitsmatrix
l_e	Kantenlänge eines Schleifelements
m_e	diskretes Massenelement
n_s	Drehzahl des Schleifwerkzeugs
$\vec{r}$	Verschiebungsvektor
$\overline{R}_e$	Lastmatrix der externen Kräfte
$\overline{R}_k$	Lastmatrix der konstanten Kräfte
$\overline{R}_c$	Lastmatrix der Kontaktkräfte
R_w	Krümmungsradius des Werkstücks quer zur Vorschubrichtung

t_e	vorschubabhängige Wirkzeit für ein Schleifelement
V_S	Zeitspanvolumen
v_b	Vorschubgeschwindigkeit des Schleifwerkzeugs
v_s	lokale Schnittgeschwindigkeit
x	Bezugsachse für die Eingriffsbreite, senkrecht zum Vorschub
y	Bezugsachse für die Vorschubrichtung
z	Bezugsachse für die Zustellrichtung
z_e	axiale Auslenkung eines Massenelements in Zustellrichtung
$\dot{z}_e$	axiale Auslenkgeschwindigkeit eines Massenelements
$\ddot{z}_e$	axiale Auslenkbeschleunigung eines Massenelements
z_i	Eindringtiefe eines finiten Schleifelements
$\dot{z}_i$	Eindringgeschwindigkeit eines finiten Schleifelements
X_EL, X_ER	X-Koordinate von Eingriffsbeginn und Eingriffsende
X_EB	Eingriffsbreite
X_HL, Y_HL	Koordinaten des linken Eingriffsmaximums
X_HR, Y_HR	Koordinaten des rechten Eingriffsmaximums
X_SP, Y_SP	Koordinaten des Flächenschwerpunkts
X_DE, Y_DE	Flächenträgheitsmomente des Abtragsquerschnitts
Y_MP	Abtragstiefe in Werkzeugmitte
α	Anstellwinkel des Schleifwerkzeugs um die x-Achse
β	Gierwinkel des schräg angestellten Schleifwerkzeugs
φ	Rotationswinkel des Schleifwerkzeugs
λ	Lastfaktor für die FEM-Kontaktanalyse
μ	Reibwert für die Schleifbearbeitung
ν	Querkontraktionszahl
ρ	Materialdichte
ω	Winkelgeschwindigkeit des Schleifwerkzeugs

Abkürzungen:

2D	zweidimensional
CAD	Computer Aided Design
CAM	Computer Aided Manufacturing
CCD	Charge Coupled Device
FEM	Finite Elemente Methode
PATRAN	Softwarepaket für Pre- und Postprocessing von FEM
PERMAS	Softwarepaket für die FEM-Kontaktanalyse
PSD	Position Sensitive Detector

1 Einleitung

1.1 Problemstellung

Bei der Herstellung von Werkstücken mit Freiformflächen besteht der abschließende Bearbeitungsvorgang überwiegend in einer manuell durchgeführten, sehr zeitaufwendigen Feinbearbeitung, um die Funktionalität der Produkte zu gewährleisten und um den ästhetischen Anforderungen gerecht zu werden /1/. Wirtschaftliche und technologische Zwänge führen dazu, daß diese Endbearbeitung der Freiformflächen bis heute nicht automatisiert sondern weitgehend manuell durchgeführt wird. Dabei kann der Anteil der manuellen Bearbeitung an der gesamten Fertigungszeit bis zu 50% betragen /2,3/.

Das für eine Feinbearbeitung in Betracht kommende Werkstückspektrum erstreckt sich von Blechformteilen über die zu ihrer Herstellung erforderlichen Preß- und Formwerkzeuge bis hin zu Guß- und Schmiedewerkstücken. Die urformenden, umformenden oder spanenden Bearbeitungsverfahren zur Herstellung der Freiformfläche können die geforderte Kontur- und Oberflächenqualität nicht zufriedenstellend erzeugen. Deshalb müssen die aus der Vorbearbeitung resultierenden lokalen oder globalen, strukturierten oder unstrukturierten Geometriestörungen, wie sie durch Aufmaß, Fügestellen oder Bearbeitungsspuren entstehen, durch eine Nachbearbeitung beseitigt werden.

Die bisherige manuelle Bearbeitung wird mit handgeführten, vorwiegend elastischen Schleifwerkzeugen durchgeführt. Diese sind durch eine lokale Formgebungsfähigkeit und ein globales Anpassungsvermögen an den Krümmungsgrad der Freiformfläche gekennzeichnet. Die Steifigkeit und Abtragsleistung der eingesetzten Werkzeuge ist auf die jeweilige Bearbeitungsaufgabe abgestimmt. Mit zunehmendem Bearbeitungsfortschritt werden nachgiebigere Werkzeuge mit geringerer Abtragsleistung aber höherer Formanpassungsfähigkeit eingesetzt. Die spanende Feinbearbeitung wird oftmals durch eine Überprüfung der Formtreue und bei Blechformteilen durch erforderliche Richtarbeiten unterbrochen /4/. Dabei erfolgt die Kontrolle der Kontur- und Oberflächenqualität durch den Tastsinn des Werkers und mittels einfacher Hilfsmittel wie Abziehleisten oder Formschablonen.

Die Probleme bei der manuellen Bearbeitung liegen in den hohen handwerklichen und gestalterischen Anforderungen, der daraus resultierenden langen Einlernphase und gesundheitlichen Beeinträchtigungen durch Lärm und der Unfallhäufigkeit, vor allem im

Bereich der Augen. Die zeitintensive manuelle Feinbearbeitung bildet einen großen Anteil an der Gesamtbearbeitung und stellt deshalb einen kritischen Engpaß im sonst weitgehend automatisierten Fertigungsablauf dar /5/.

Der Hauptgrund für die bisher ausgebliebene Automatisierung in diesem Bereich der Freiformflächenfertigung besteht darin, daß das spezielle Abtragsverhalten der elastischen Schleifwerkzeuge bei einer automatisierten Bahngenerierung berücksichtigt werden muß. So stimmt die erzeugte Abtragskontur nicht mit der unverformten Werkzeugkontur überein, wie dies beispielsweise bei Verwendung von Fräswerkzeugen oder keramisch gebundenen Schleifkörpern der Fall ist. Das elastische Werkzeug verformt sich in Abhängigkeit von der Werkstückkrümmung und den gewählten Bearbeitungsparametern. Schon eine Änderung der Werkzeugdrehzahl oder der Drehrichtung kann eine gravierende Verlagerung der Eingriffszone hervorrufen. Bild 1.1 zeigt diesen Effekt der Eingriffszonenverlagerung beim robotergestützten Verschleifen einer Fügezone. Das Werkzeug wurde genau mittig auf die Schweißnaht und orthogonal zur Oberfläche programmiert. In Abhängigkeit von der Rotationsrichtung und der Drehzahl kommt es hier zu einer Verlagerung der Eingriffszone um bis zu 50 mm relativ zu der mit stillstehendem Schleifteller programmierten Bahn. Bei einer Umkehrung der Drehrichtung liegt die Eingriffszone spiegelbildlich auf der obenliegenden Nahtseite.

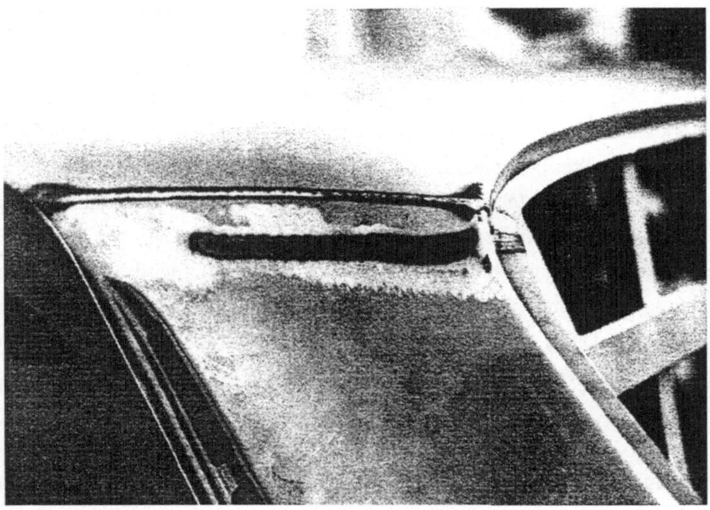

Bild 1.1: Drehzahlabhängiger Eingriffszonenversatz bei elastischen Schleifwerkzeugen

Nicht immer ist der Einfluß des Verformungsverhaltens auf den Abtragsvorgang so offensichtlich wie in diesem angeführten Beispiel. Auch wenn die Bearbeitungsspur bei reduzierten Drehzahlen oder kleineren Abmessungen des Werkzeugs symmetrisch zur programmierten Werkzeugbahn liegt, kann der Abtrag im Zentrum geringer ausfallen als in den Randzonen. Aufgrund der bisher nicht geklärten dynamischen Vorgänge zwischen dem rotierenden elastischen Schleifwerkzeug und dem Werkstück kann es zu einer unsymmetrischen Verteilung der Anpreßkraft in der Eingriffszone und damit zu reduziertem Abtrag in der Mitte der Bearbeitungsspur kommen. Speziell bei der Bearbeitung von harten Laserschweißnähten kann dies dazu führen, daß die Nahtumgebung schneller abgetragen wird als die eigentliche Schweißraupe.

Diese Beispiele verdeutlichen die Schwierigkeiten, die sich bei einer automatisierten Bearbeitung mit elastischen Schleifwerkzeugen aufgrund des unbekannten Verformungsverhaltens ergeben können. Erschwerend kommt hinzu, daß elastische Schleifwerkzeuge nicht "freischneiden", sondern immer eine Anpreßkraft benötigen, um einen Abtrag zu erzeugen. Damit ist die Abtragsleistung direkt abhängig von der Anpreßkraft, der lokal wirkenden Schnittgeschwindigkeit und der Vorschubgeschwindigkeit. Dieses besondere Abtragsverhalten elastischer Werkzeuge kann bei der manuellen Bearbeitung auf empirische Weise durch den Werker berücksichtigt werden. Eine automatisierte Feinbearbeitung benötigt jedoch eine qualitative und quantitative Kenntnis des Abtragsverhaltens der zum Einsatz kommenden elastischen Schleifwerkzeuge /6/.

Die Feinbearbeitung von Freiformflächen stellt eine branchenübergreifende Aufgabenstellung mit hohem, bisher nicht nutzbarem Automatisierungspotential dar. Eine Analyse der manuellen Bearbeitung zeigt, daß für das betrachtete, breite Produktspektrum trotz unterschiedlicher Ausprägungsformen der abzutragenden Geometriestörung zum großen Teil ähnliche Werkzeuge und identische Arbeitsabfolgen zum Einsatz kommen. Aufgrund dieser Tatsache bietet es sich an, eine einheitliche Strategie für die automatisierte Feinbearbeitung dieser unterschiedlichen Werkstückgruppen zu erarbeiten. Dies fordert jedoch zu einer gründlichen Untersuchung des Abtragsverhaltens der bisher überwiegend eingesetzten elastischen Werkzeuge heraus.

1.2   Zielsetzung

Die vorliegende Arbeit hat zum Ziel, die Grundlagen für eine automatisierte Feinbearbeitung von Freiformflächen mit elastischen Schleifwerkzeugen zu erarbeiten. Im Mittelpunkt steht die Untersuchung und Modellierung des Abtragsverhaltens elastischer Werkzeuge, insbesondere elastischer Werkzeuge zum Stirnschleifen, da diese sich bei der manuellen Bearbeitung bestens bewährt haben und eine weite Verbreitung aufweisen, jedoch an eine Automatisierung aufgrund ihrer besonderen Eigenschaften die größten Anforderungen stellen. Die Zielsetzung dieser Arbeit besteht somit darin, das Abtragsverhalten elastischer Schleifwerkzeuge quantitativ und qualitativ zu beschreiben.

Die Untersuchungen zum Abtragsverhalten elastischer Schleifwerkzeuge müssen in ein Gesamtkonzept eines Schleifsystems eingebunden sein, welches die erforderlichen

- **Systemkomponenten** wie Roboter, Steuerung, Werkzeuge und Sensoren,

- **Systemfunktionen** wie die Methoden zur Werkzeugführung und zum Teachen sowie

- **bearbeitungsspezifische Funktionen** wie die Schnittaufteilung und die Generierung der Bearbeitungsparameter

berücksichtigt.

Eine automatisierte Schleifbearbeitung wird erst dann möglich, wenn das besondere Abtragsverhalten der elastischen Schleifwerkzeuge bei der konventionellen Programmierung eines Roboters, dem manuellen Teachen, und speziell bei der automatisierten Offline-Generierung der Bearbeitungsbahnen berücksichtigt werden kann.

Die vorliegende Arbeit ist so aufgebaut, daß ausgehend vom Stand der Technik und dessen Bewertung eine Analyse der Bearbeitungsaufgabe durchgeführt wird. Auf Grundlage dieser Kenntnisse und der daraus abgeleiteten Anforderungen erfolgt die Konzeption eines Schleifsystems zur robotergestützten Feinbearbeitung von Freiformflächen, bestehend aus gerätetechnischen Systemkomponenten, gerätebezogenen Systemfunktionen und bearbeitungsspezifischen Anwendungsfunktionen. Die Modellierung des Abtragsverhaltens elastischer Werkzeuge, die sich unterteilt in eine Modellierung des Abtragsvorgangs an einem finiten Schleifelement und eine Modellierung des Verformungsverhaltens, bildet den Schwerpunkt dieser Arbeit. Abschließend erfolgt eine experimentelle Verifikation dieser Abtrags- und Verformungsmodellierung für die betrachteten elastischen Schleifwerkzeuge.

2 Stand der Technik in der robotergestützten Schleifbearbeitung

2.1 Betrachtetes Werkstückspektrum

Das betrachtete Werkstückspektrum umfaßt freiformflächenbehaftete Werkstücke, deren spezifischen Geometriestörungen über eine Feinbearbeitung abzutragen sind. Eine erste Unterteilung des Werkstückspektrums ergibt sich entsprechend der Vorbearbeitungsverfahren nach Bild 2.1.

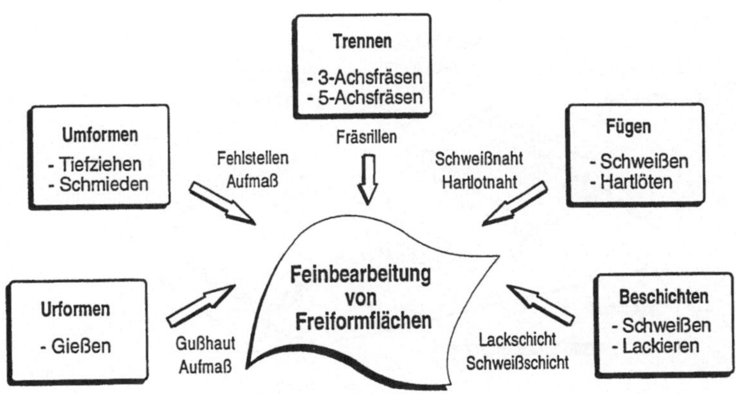

Bild 2.1: Unterteilung des Werkstückspektrums nach Vorbearbeitungsverfahren

Aus dieser Unterteilung lassen sich drei Produktgruppen ableiten. Hier sind zunächst die durch Ur- und Umformen hergestellten **Guß- und Schmiedeteile** wie Turbinenschaufeln und Propellerblätter zu nennen. Die strömungstechnischen Anforderungen führen dazu, daß Werkstückoberflächen fast ausschließlich als Freiformflächen ausgeführt werden. **Form- und Preßwerkzeuge** zur Herstellung von Formteilen aus Metall oder Kunststoff weisen ebenfalls einen großen Anteil an Freiformflächen auf. Die Vorbearbeitung erfolgt überwiegend durch eine 3-Achs-Fräsbearbeitung, seltener durch eine 5-Achs-Fräsbearbeitung oder durch Erodieren. **Blechformteile** im Automobilbau, die eine bestimmte Größe oder Umformungsgrad überschreiten, werden aus mehreren Einzelteilen zusammengefügt. Die Dicht- und Formnähte im Unterbau der Karosse werden als Hartlotnähte ausgeführt. Sichtnähte in der Karosserieaußenhaut werden aufgrund der hohen Festig-

keitsanforderungen überwiegend lichtbogengeschweißt. Teilweise werden Blechformteile in der Karosserieaußenhaut auch durch Laserschweißnähte verbunden, um die wär-
mebedingten Verformungen zu minimieren.

Die Vorbearbeitungsverfahren können die Freiformflächen in vielen Fällen nicht mit den
geforderten Genauigkeiten erzeugen. Es bleiben Geometriestörungen unterschiedlicher
Ausdehnung und Ausprägung zurück, wie beispielsweise Aufmaß, Bearbeitungsspuren
oder überstehender Zusatzwerkstoff eines Fügevorgangs. Diese Geometriestörungen lassen sich nach Bild 2.2 in vier Hauptgruppen unterteilen.

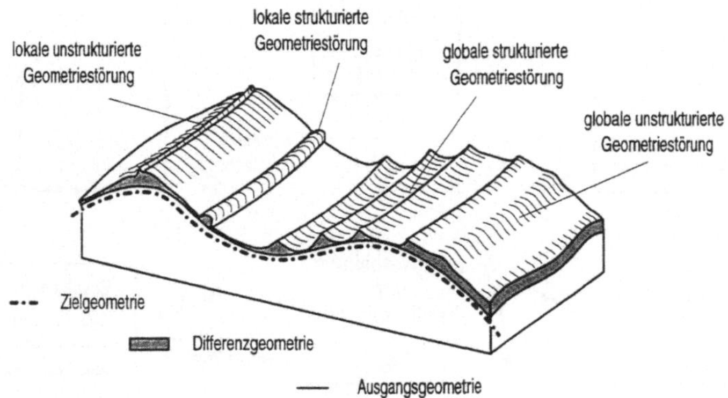

Bild 2.2: Unterteilung des Werkstückspektrums nach Art der Geometriestörung

Es erfolgt eine erste Unterteilung nach der Ausdehnung der abzutragenden Geometriestörung in:

- **globale Geometriestörungen**, die aus einer Erstbearbeitung durch trennende,
  ur- oder umformende und auftragende Bearbeitungsverfahren stammen und

- **lokale Geometriestörungen** infolge eines Fügevorgangs oder einer Repara-
  turbearbeitung.

Eine weitere Unterteilung wird vorgenommen nach der Ausprägung der abzutragenden
Geometriestörung in:

- **strukturierte Geometriestörungen** mit regelmäßigen Abtragsquerschnitten, und

- **unstrukturierte Geometriestörungen**, mit veränderlichen Abtragsquerschnitten.

2.2 Ansätze zur robotergestützten Schleifbearbeitung

Es gibt eine Vielzahl von Versuchen zur Automatisierung der Feinbearbeitung von Freiformflächen. Im folgenden werden die bisherigen Automatisierungsansätze, beziehungsweise jeweils ein typischer Vertreter eines solchen vorgestellt. Zur besseren Übersicht werden sie nach der Art der abzutragenden Geometriestörung zusammengefaßt, da deren Ausprägung und Ausdehnung entscheidenden Einfluß auf die gewählten Lösungsansätze haben.

2.2.1 Abtragen lokaler, strukturierter Geometriestörungen

Werkstücke mit lokalen, strukturierten Geometriestörungen sind gekennzeichnet durch eine definierte, regelmäßige Abtragsquerschnittsfläche. Diese ist eingebettet ist in eine korrekte Geometrieumgebung, die als Bezugsgeometrie für die Feinbearbeitung dienen kann. Beispiele für die Bearbeitung lokaler, strukturierter Geometriestörungen sind:

- das Einebnen von Schweiß- oder Hartlotnähten bei Blechformteilen oder

- das Abtragen von Graten an Gußwerkstücken.

Werkzeugführung mittels Gleitschuhen

Ein Sonderwerkzeug zum Einebnen von Hartlotnähten an der Karosserieaußenhaut wird in /7/ vorgestellt. Gleitschuhe aus Teflon führen das pneumatisch angetriebene Roboterwerkzeug nach <u>Bild 2.3</u> mit dem kegelförmigen Frässtift in konstantem Abstand zur Bezugsgeometrie. Das gesamte Werkzeug ist über Linearführungen in Zustellrichtung gelagert und erhält über ein Tellerfederpaket seine Vorspannung. Anstelle der Federvorspannung kann mit einer pneumatischen Vorspannung die Anpreßkraft mittels eines Druckregelventils einstell- und regelbar gemacht werden /8/. Aus der lastabhängigen Werkzeugdrehzahl wird die aktuelle Abtragsrate bestimmt.

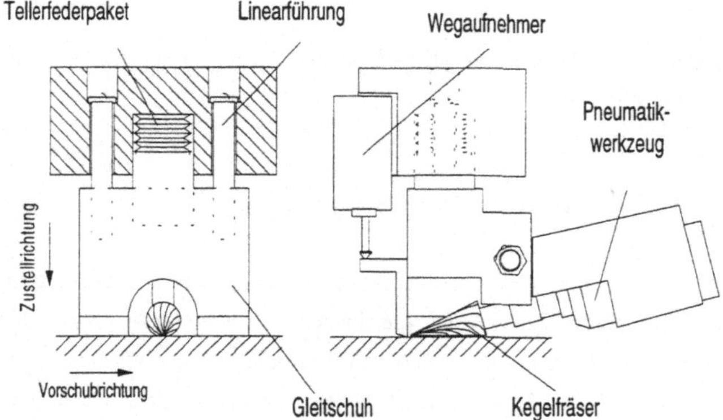

Bild 2.3: Nachgiebig gelagertes Roboterwerkzeug mit kegelförmigem Frässtift zum Einebnen von Hartlotnähten /7/

Die robotergestützte Bearbeitung mit Frässtiften ist auf das Abtragen weicher Zusatzwerkstoffe beschränkt. Zur Bearbeitung von Schweißnähten bietet sich die Verwendung eines Schleifstifts an. Unabhängig vom gewählten Bearbeitungsverfahren muß die Abtragsleistung des Werkzeugs ausreichend groß sein, um bei der gewählten Vorschubgeschwindigkeit ein Freischneiden des Werkzeugs zu ermöglichen. Erst dann ist gewährleistet, daß die erzeugte Abtragskontur der Bezugskontur entspricht. Bei konvexen Werkstückgeometrien bildet sich zwangsläufig eine Bearbeitungsfase, wenn die Werkzeugkontur nicht exakt auf den Krümmungsradius abgestimmt ist. Deshalb ist mit diesem Verfahren bei wechselnden Krümmungsradien keine vollständige Konturangleichung möglich. In der Praxis wird eine Restnahthöhe von ca. 0,2 mm erreicht, die über eine manuelle Nacharbeit beseitigt werden muß. Da der Bezugspunkt des Führungselementes und der Bearbeitungsort bei einer mechanischen Führung des Werkzeugs prinzipiell nicht identisch sein können, kann es bei Blechformteilen durch unkontrollierte Wärmeverformungen aus der Prozeßwärme zur Zerstörung von Werkzeug und Werkstück kommen.

Werkzeugführung mittels Werkzeugsensorik

Eine andere Möglichkeit zur Überwachung und Beeinflussung des Abtragsvorgangs wird in /9/ beschrieben. Zum Einebnen von Schweißnähten und Gußgraten kommt ein robotergeführtes Schleifgerät mit starrer Schleifscheibe zum Einsatz. Über den Motorstrom des Schleifgerätes wird die aktuelle Abtragsleistung des Werkzeugs erfaßt. Bei bekanntem Schweißnaht- oder Gratquerschnitt kann damit auch auf die aktuelle Abtragstiefe geschlossen werden. Um auch detaillierte Informationen über die aktuelle Eingriffsbreite und Abtragstiefe zu erhalten, ist die starre Schleifscheibe mit einer Eingriffsbreitensensorik bestückt. Ein in die Schleifscheibe eingebetteter, mitrotierender Kontaktstreifen schließt über das elektrisch leitfähige Werkstück einen Stromkreis. Bei bekannter Drehzahl des Werkzeugs und bekanntem Schleiftellerdurchmesser kann aus der gemessenen Eingriffszeit auf die aktuelle Eingriffsbreite und bei bekanntem Anstellwinkel auf die Abtragstiefe des Schleiftellers zurückgerechnet werden.

An die im Schleifteller integrierte Sensorik werden besondere Anforderungen gestellt. Der Kontaktstreifen muß ein dem Grundmaterial vergleichbares Abtrags- und Verschleißverhalten aufweisen und ausreichende Festigkeitseigenschaften für die hohen Drehzahlen besitzen. Eine Signalübertragung vom rotierenden Werkzeug sowie eine Auswerteelektronik zur Ermittlung der Eingriffszeit ist erforderlich. Die Eingriffsbreitenbestimmung ist drehzahlabhängig. Eine ausreichende Genauigkeit ist deshalb nur bei exakter Drehzahlmessung möglich. Die Abtragstiefe läßt sich dann auf ± 0.2 mm bestimmen. Das bedeutet, daß mit diesem Ansatz nur eine Grobbearbeitung möglich ist.

Werkzeugführung mittels Prozeßsensorik

Ebenfalls zum Abtragen von Schweißnähten und Gußgraten werden in /10/ mehrere unterschiedliche Verfahren zur Bestimmung der aktuellen Bearbeitungsgrößen eingesetzt. Der Motorstrom wird zur Überwachung des Schleifvorgangs herangezogen. Die Bestimmung des aktuellen Eingriffszustands erfolgt über eine FFT-Analyse der mittels eines Beschleunigungssensors aufgenommenen Systemvibrationen. Deren Leistungsspektrum ändert sich, wenn die vergleichsweise schmale Schweißnaht abgetragen und das Schleifwerkzeug im Grundwerkstoff zum Eingriff kommt. Ein Bandpassfilter selektiert den interessierenden Frequenzbereich und die Auswerteelektronik entscheidet über einen vorgegebenen Schwellwert, ob die Schweißnaht schon abgetragen ist oder nicht.

Die Erfassung des Eingriffszustands erfolgt zwar - im Gegensatz zur Lösung mit dem eingebetteten Kontaktstreifen - verschleißfrei, erlaubt aber nur eine Unterscheidung zwischen den zwei Zuständen "Naht abgetragen" und "Naht nicht abgetragen". Um mehr Informationen über den aktuellen Bearbeitungszustand zu erhalten, wird die Eingriffsbreite über die Auswertung des unterschiedlichen Reflexionsverhaltens bearbeiteter und unbearbeiteter Zonen vermessen. Dazu wird die Bearbeitungszone beleuchtet und deren reflektierte Intensität mittels Faseroptik auf einen Zeilensensor geführt. Über geometrische Beziehungen zwischen den Werkzeugabmessungen und der Werkstücktopologie kann auf die Eingriffsbreite zurückgeschlossen werden. Aussagen über die erzielbare Auflösung bezüglich der Abtragstiefe werden nicht gemacht. Die Eingriffsbreite kann auf maximal ± 2 mm genau bestimmt werden.

Werkzeugführung mittels Prozeßmodell

Zum Abtragen von Schweißnähten mit einem elastisch gelagerten Schleifteller wird in /11/ die Stellgröße „Anpreßkraft" über ein dynamisches Modell des Abtragsvorgangs aus den sensorisch erfaßten Geometrie- und Prozeßgrößen „Nahthöhe" und „Werkzeugauslenkung" berechnet. Zur Vermessung des Nahthöhenprofils wird ein Lichtschnittsensor eingesetzt. Ein Kraftsensor erfaßt die Anpreßkraft der drehelastisch gelagerten Schleifscheibe und über die Drehzahlmessung kann die aktuelle Schnittgeschwindigkeit berechnet werden. Das Abtragsmodell beruht auf dem Gleichgwicht zwischen abgetragenem Nahtvolumen und der dynamischen Auslenkung des drehelastisch gelagerten Schleifwerkzeugs. Bei konstanter Nahthöhe stellt sich die Auslenkung der Schleifscheibe und damit die erzeugte Abtragskontur auf einen von der Vorschubgeschwindigkeit abhängigen stationären Wert ein. Schwankungen in der Nahthöhe führen zu einer dynamischen Auslenkung des Schleiftellers, die durch eine Korrektur der Stellgröße über den Kraftregelkreis kompensiert werden kann.

Der gewählte Modellierungsansatz ist auf die Bearbeitung der überstehenden Schweißraupe begrenzt. Für die Regelung auf eine gewünschte Abtragstiefe müssen das Höhenprofil und damit das abzutragende Materialvolumen bekannt sein. Unter diesen Voraussetzungen lassen sich Genauigkeiten bezüglich der Abtragstiefe von 0,1 mm erreichen. Der Abtragsquerschnitt selbst kann nicht beeinflußt werden.

2.2.2 Abtragen globaler, strukturierter Geometriestörungen

Werkstücke mit globalen, strukturierten Geometriestörungen sind gekennzeichnet durch ein regelmäßiges Muster von Bearbeitungsspuren, die sich über die gesamte Werkstückoberfläche erstrecken. Konkrete Beispiele für die Bearbeitung globaler, strukturierter Geometriestörungen sind:

– das Glätten von Fräsrillen aus der 3- oder 5-Achsbearbeitung von z.B. Form-
und Preßwerkzeugen oder Turbinenläufern und

– das Einebnen auftragsgeschweißter Zonen hochbeanspruchter Werkzeuge mit
einer regelmäßiger Anordnung der Schweißraupen.

Werkzeugmaschinengestützte Bearbeitung mit Sonderwerkzeugen

In /12/ kommt ein spezielles Honwerkzeug (Bild 2.4) in Verbindung mit einer drei-
achsigen Werkzeugmaschine zum Einsatz. Das Honwerkzeug besteht aus mehreren,
pneumatisch angepreßten, drehbar gelagerten Honstiften. Die Wirkkörper sind in diesen
Honstiften so gelagert, daß sie sich an die aktuelle Werkstückkrümmung anschmiegen
können. Das Gesamtwerkzeug rotiert um die Z-Achse. Es wird von der Hauptspindel der
Werkzeugmaschine angetrieben.

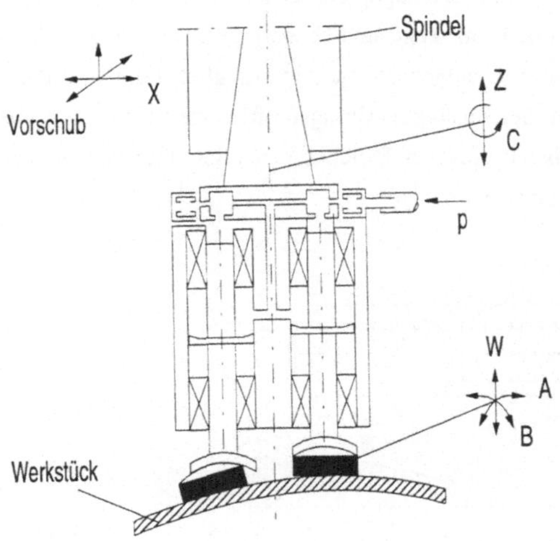

Bild 2.4: Honwerkzeug zum Einebnen von Fräsrillen /12/

Als weiteres werkzeugmaschinengestütztes Werkzeug zur Feinbearbeitung vorgefräster
Formwerkzeuge und Turbinenblätter wird in /13/ ein Bandschleifwerkzeug vorgestellt.
Eine an die Krümmungsverhältnisse angepaßte Kontaktrolle unterstützt gezielt den Materialabtrag des Schleifbandes. Die Schleifbearbeitung erfolgt gesteuert, also mit konstanter Zustellung. Die Bearbeitungsbahnen werden von einem speziell entwickelten

NC-Programmiermodul ermittelt. Diese Sonderwerkzeuge für Werkzeugmaschinen sind nur für steife Werkstücke mit schwach gekrümmten, beziehungsweise konvexen Oberflächen geeignet. Die abzutragende Struktur der Geometriestörung muß kleiner sein als die wirksame Fläche des Werkzeugs, so daß sich die Wirkkörper des Honwerkzeugs an der Werkstückoberfläche ausrichten können. Beim Bandschleifwerkzeug muß die Geometrie der Kontaktrolle auf den Krümmungsradius des Werkstücks abgestimmt sein.

Robotergestützte Feinbearbeitung mit Sonderwerkzeugen

Zum Einebnen von regelmäßigen Fräsrillen werden in /14/ unterschiedliche Sonderwerkzeuge zur robotergestützten Feinbearbeitung von Hohlformwerkzeugen vorgestellt. Es handelt sich um robotergeführte Kurz- und Langhubhonwerkzeuge und um Stirnschleifwerkzeuge. Die Abmessungen der Werkzeuge wurden so gewählt, daß konvexe und konkave Bereiche bearbeitet werden können. Für große Krümmungsradien wurde das Langhubhonwerkzeug in Bild 2.5 entwickelt. Die beiden gegenläufig oszillierenden Honsteine werden pneumatisch angepreßt. Der Oszillationshub kann bis zu 400 mm betragen. Die Kurzhubhonwerkzeuge sind für geringe Krümmungsradien konzipiert. Deren Wirkkörperträger sind so aufgebaut, daß eine möglichst gleichmäßige Flächenpressung und damit auch ein gleichmäßiges Abtragsprofil erzielt wird. Dies wird über ein Array von pneumatisch beaufschlagten Druckkolben oder über eine mit Innendruck beaufschlagte Membran erreicht.

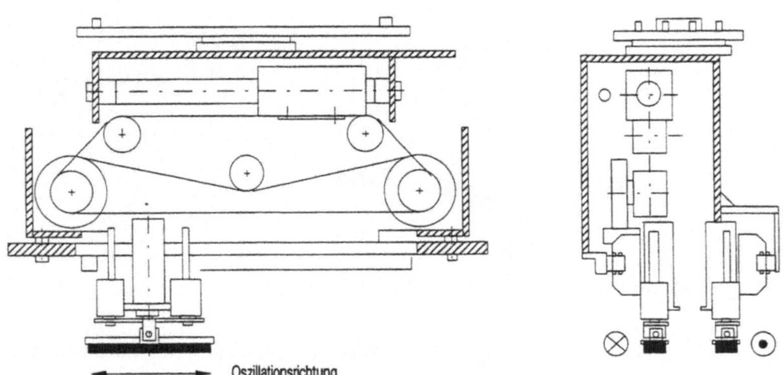

Bild 2.5: Langhubhonwerkzeug zum Einebnen von Fräsrillen /14/

Die oszillierenden Honwerkzeuge weisen aufgrund der Bewegungsumkehr nur eine geringe mittlere Schnittgeschwindigkeit auf. Für höhere Abtragsraten wurde deshalb ein Stirnschleifwerkzeug mit einem Durchmesser von 30 mm entwickelt. Es ist kardanisch aufgehängt und wird über einen Pneumatikzylinder vollflächig gegen die Werkstückoberfläche gepreßt, so daß das Werkzeug sich an der Werkstückkontur ausrichten kann. Über die Verweilzeit des Wirkkörpers ist eine aktive Formgebung der Werkstückgeometrie möglich. Für die Programmierung der Bearbeitungsbahnen kommt ein Abtragsmodell zum Einsatz, welches den quantitativen Zusammenhang zwischen der Vorschub- und Schnittgeschwindigkeit einerseits und der erzielten Abtragstiefe andererseits beschreibt. Der resultierende Abtragsquerschnitt selbst kann nicht beeinflußt werden, da sich die Werkzeugorientierung automatisch einstellt und nicht aktiv verändert werden kann.

Sensorgeführte Bearbeitung mit Standardwerkzeugen

In /15/ wird ein Schleifsystem zum Einebnen von regelmäßigen Fräsrillen aus der 3-Achsbearbeitung vorgestellt. Das elastische Schleifwerkzeug besteht aus einem Gummiteller und einem Schleifblatt mit wählbarer Körnung. Es wird unter einem flachen Anstellwinkel vom Roboter kraftgeregelt über das Werkstück geführt. Die Überwachung des aktuellen Bearbeitungszustands erfolgt mit einem optischen Sensorsystem. Das von einer Laserdiode auf die mit Tuschierfarbe bestrichene Werkstückoberfläche projizierte Licht wird an den bearbeiteten Stellen reflektiert und von einer Videokamera aufgenommen. Es entsteht ein Streifenmuster, dessen Hell-/Dunkelverteilung (<u>Bild 2.6</u>) ein Maß für den Bearbeitungsfortschritt ist.

Da Abrundungen der Rillendächer zu Fehlinterpretationen des Sensorsystems führen, ist es bei diesem Lösungsansatz wichtig, während der gesamten Schleifbearbeitung flache Rillendächer zu erzeugen. Deshalb wurden die fünf unabhängigen Prozeßgrößen (Kraft, Drehzahl, Winkel, Körnung, Steifigkeit) entsprechend der Variationsmethode von Taguchi /16/ in jeweils drei Stufen variiert und die so erzeugte Abtragskontur ausgewertet. Mit dem berechneten optimalen Parametersatz konnten die erforderlichen flachen Rillendächer und damit eine Bearbeitungsgenauigkeit beim Abtragen der Fräsrillen von 0,02 mm erreicht werden. Da auf den resultierenden Abtragsquerschnitt kein Einfluß genommen werden kann, sind für diesen Automatisierungsansatz neben einer regelmäßigen Rillenstruktur auch konstante Krümmungsverhältnisse erforderlich.

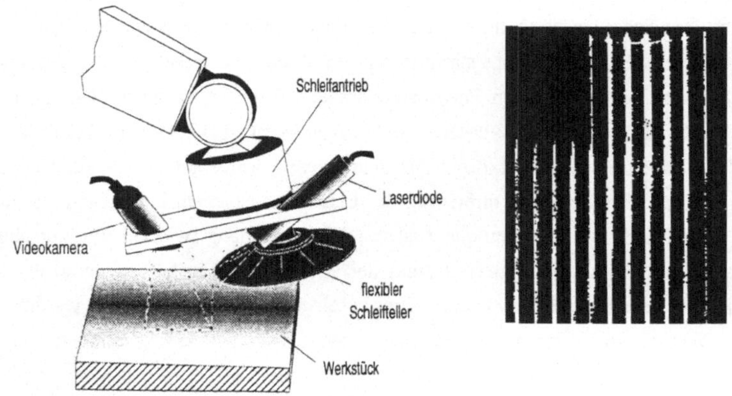

Bild 2.6: Einebnen von Fräsrillen mit Überwachung des Bearbeitungsfortschritts /15/

2.2.3 Abtragen lokaler, unstrukturierter Geometriestörungen

Werkstücke mit lokalen, unstrukturierten Geometriestörungen sind durch eine unregelmäßige Abtragsquerschnittsfläche gekennzeichnet, die in eine korrekte Geometrieumgebung eingebettet ist. Sofern die Ausmaße der Geometriestörung klein sind, kann diese als Bezugsgeometrie für die Feinbearbeitung dienen. Konkrete Beispiele für die Bearbeitung lokaler, unstrukturierter Geometriestörungen sind:

- das Einebnen von Reparaturstellen bei Turbinenläufern und

- das Angleichen von Fügezonen (Schweißnähten) in der Außenhaut von Karosserien.

Gesteuerte Schleifbearbeitung nach definierter Vorbearbeitung

Bei großen Wasserturbinenläufern ist oftmals eine Vor-Ort-Reparatur erforderlich, um die durch Kavitation verursachten Fehlstellen auszubessern. In /17/ wird ein Schleifsystem zur Bearbeitung schwach gekrümmter Freiformflächen beschrieben. Die Hauptvorschubache des eingesetzten Roboters besteht aus einer flexiblen Führungsschiene mit integrierter Zahnstange, die an der zu reparierenden Stelle mit Magnetständern fixiert wird. Zwei weitere Linearachsen zur Positionierung der Werkzeuge, sowie zwei Rotationsachsen zur Orientierungsnachstellung vervollständigen die Roboterkinematik. Ein

Kraft/Momentensensor zwischen Roboterflansch und Schleifwerkzeug wird zur Kollisionsüberwachung und für die kraftgeregelte Bearbeitung eingesetzt. Zur Programmierung der Bearbeitungsbahnen wird eine Polygon geteacht, welches die schadhafte Stelle umschließt. Die Tiefe der Schädigung wird vorgegeben. Dann wird zeilenweise innerhalb der Polygongrenzen die schadhafte Stelle auf ein einstellbares Maß abgetragen, anschließend auftragsgeschweißt und zum Abschluß mit geregelter Anpreßkraft verschliffen.

Da die zu reparierende Zone auf eine definierte Tiefe ausgemeißelt werden kann, ist die Ausgangsgeometrie für die Steuerung des Schweißprozesses und damit auch für die anschließende Schleifbearbeitung bekannt. Die Genauigkeitsanforderungen sind bei diesem Reparaturvorgang gering, weshalb sich mit der gesteuerten Schleifbearbeitung eine zufriedenstellende Qualität erreichen läßt.

Gesteuerte Schleifbearbeitung nach vorangegangener Vermessung

In /18/ wird ein robotergestützter Automatisierungsansatz zur Schleifbearbeitung von Turbinenblättern vorgestellt. Schadhafte Stellen und verschlissene Zonen der Turbinenschaufeln müssen auftragsgeschweißt und anschließend eingeebnet werden. Zur Erfassung der Werkstückgeometrie werden die Turbinenschaufeln nach dem Auftragsschweißen mit einem Koordinatenmeßgerät vermessen. Mittels eines speziellen Programmiersystems werden die Schleifbahnen für den Roboter generiert, der die Turbinenschaufeln entlang eines stationären Bandschleifers mit kraftgeregelter Bandspannung führt.

Die Kraftregelung sorgt für eine definierte Anpreßkraft und damit für ein vorgegebenes Abtragsvolumen. Der Abtragsquerschnitt ist allerdings durch die Kontaktrollengeometrie vorgegeben, was zu starken Einschränkungen hinsichtlich der Werkstücktopologie führt. Angaben zu erreichbaren Genauigkeiten werden nicht gemacht.

2.2.4 Abtragen globaler, unstrukturierter Geometriestörungen

Werkstücke mit globalen, unstrukturierten Geometriestörungen sind durch eine unregelmäßige Abtragsquerschnittsfläche gekennzeichnet, die sich über die gesamte Werkstückoberfläche erstreckt. Konkrete Beispiele für die Bearbeitung globaler, unstrukturierter Geometriestörungen sind:

- das Beseitigen von Aufmaß bei Guß- und Schmiedeteilen und

- das Abtragen von harten Gußschichten vor einer Polierbearbeitung.

Schleifbearbeitung mit autonomer Sensorführung

Für einfache Bearbeitungsaufgaben wie Polieren oder Feinschleifen von rotationssymmetrischen Behältersegmenten wird in /19/ eine autonome Bahnprogrammierung über
die Abtragsleistung vorgestellt. Es wurde eine Fahrtrichtungssteuerung (Bild 2.7) realisiert, indem auf eine konstante Bearbeitungsleistung geregelt wird. Der Startpunkt samt
Richtungsvektor und die betragsmäßige Vorschubgeschwindigkeit müssen vorgegeben
werden. Die Bearbeitungsleistung wird über den Motorstrom des Bearbeitungswerkzeugs erfaßt und über die Stellgröße "Fahrtrichtungsvektor" geregelt. Damit wird das
Bearbeitungswerkzeug automatisch der Werkstückkontur nachgeführt. Die Bearbeitung
wird bei ebenen Werkstücken zeilenweise und bei rationssymmetrischen Werkstücken
spiralförmig vom Startpunkt bis an einen vorgegebenen Zielpunkt durchgeführt.

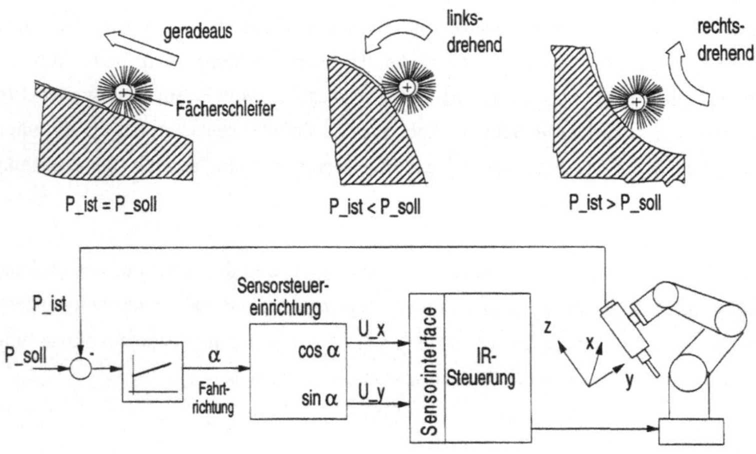

Bild 2.7: Fahrtrichtungsregelung über die Abtragsleistung /19/

Die Fahrtrichtungsregelung entspricht einer 2D-Kopierbearbeitung. Die Nachführung
des Fahrtrichtungsvektors ist auf eine wählbare Vorschubebene beschränkt. Zum Ausgleich der unvermeidlichen Regeldifferenzen müssen definierte Nachgiebigkeiten, bei-

spielsweise ein elastisches Werkzeug oder eine nachgiebige Werkzeugaufhängung, vorhanden sein. Eine gezielte Formgebung ist deshalb mit diesem Verfahren nicht möglich.

Schleifbearbeitung mit individueller Bahnkorrektur durch Teachen

Die automatisierte Oberflächenbearbeitung von Gußwerkstücken wird in /20/ am Beispiel eines Knetflügels mit geringen Anforderungen an die absolute Formgenauigkeit gezeigt. Die vorhandenen Formtoleranzen können zwar beim Feinschliff mit einem Bandschleifer ohne Stützplatte durch die Bandelastizität ausgeglichen werden, aber beim Vorschleifen mit Stützplatte bereiten die Toleranzen des Gußrohlings große Probleme. Der hier vorgestellte Lösungsansatz beruht darauf, den Knetflügel nach einem groben Stützpunkteraster mit dem freien Schleifband anzutasten. Ein zwischen Roboterflansch und Bandschleifer angebrachter Kraftsensor erfaßt die Anpreßkraft und gibt bei Erreichen eines vorgegebenen Wertes ein Triggersignal an die Robotersteuerung zum Abspeichern dieses Stützpunktes. Die Werkstückoberfläche wird dann zeilenweise nach diesen für jedes Werkstück individuell ermittelten Bahnstützpunkten bearbeitet.

Der wesentliche Vorteil dieses Lösungsansatzes besteht darin, daß die eingesetzte Robotersteuerung keine Sensorfunktionalität für eine kraftgeregelte Schleifbearbeitung aufweisen muß. Da die Formerfassung über das Abtasten am freien Schleifband ein stark integrales Verhalten aufweist, können mit diesem Ansatz nur Aufspannfehler und Formabweichungen erster Ordnung (z.B. Durchbiegung) kompensiert werden. Darüberhinaus schränkt der Einsatz eines Bandschleifwerkzeugs das Werkstückspektrum auf schwach gekrümmte, konvexe Bereiche ein.

Schleifbearbeitung mit lokal fixierbarem Bearbeitungskopf

Die Endbearbeitung gegossener Wasserturbinenläufer wird in /21/ beschrieben. Die Gußhaut muß mit dem Ziel, einen hohen strömungstechnischen Wirkungsgrad zu erzielen, flächig abgetragen werden. Ein für die schwer zugänglichen Bereiche optimierter Meßroboter mit redundanter Kinematik tastet mit einem optischen Abstandssensor die Istgeometrie der Turbinenblätter ab. Im Abgleich mit den Konstruktionsdaten wird das abzutragende Aufmaß bestimmt und das Bearbeitungsprogramm generiert. Ein Bearbeitungsroboter positioniert das Schleifwerkzeug an dem aktuell zu bearbeitenden Abschnitt. Dort wird es mittels einer speziellen Abstützvorrichtung /22/ fixiert, indem es sich gegen das benachbarte Turbinenblatt abstützt. Die Schleifbearbeitung mit starren, auf die Werkstücktopologie abgestimmten Schleifscheiben erfolgt relativ zur Werkzeugfixierung auf die berechnete Abtragstiefe.

Die erreichbare Maßhaltigkeit der bearbeiteten Zone ist unabhängig von der Bahngenauigkeit des Roboters, da sich die Bearbeitungseinheit an der Werkstückoberfläche abstützt. Da die Zusatzachsen der Bearbeitungseinheit mit hoher Genauigkeit ausgeführt werden können, bestimmt der gewählte Zeilenabstand der Schleifbahnen zusammen mit der Geometrie der Schleifscheibe - im Bezug auf die Werkstücktopologie - das Bearbeitungsergebnis. Damit ist dieser Automatisierungsansatz auf die Bearbeitung schwach gekrümmter Oberflächen beschränkt.

Schleifbearbeitung mit automatischer Schnittaufteilung

Zur flächigen Bearbeitung großer Gußteile (Wasserturbinenläufern) wird in /23/ ein Schleifsystem beschrieben. Ein Meßroboter erfaßt die Geometrie der Freiformfläche mittels eines abstandsgeregelten Wirbelstromsensors mit einer Meßgenauigkeit von ± 1mm. Aus den aufgenommenen Geometriedaten wird ein Werkstückmodell generiert. Über den Vergleich mit den Konstruktionsdaten wird das Bearbeitungsprogramms erstellt. Ein Bearbeitungsroboter, der mit einer Zusatzachse für eine Pendelbewegung ausgestattet ist, führt das Schleifgerät (6,5 kW) mit der starren Schleifscheibe. Die Bearbeitungsstrategie beruht auf einer Überwachung des Abtragsvolumens durch Messung des Motorstromes. Solange die Abtragsleistung einen unteren Schwellwert nicht überschreitet, wird das Werkzeug auf der berechneten Bahn geführt. Übersteigt die Abtragsleistung diesen Schwellwert, weil das Aufmaß zu groß war, wird eine Abtragsregelung über den Motorstrom aktiviert. Bei Überschreiten eines oberen Schwellwertes muß von einer Kollision ausgegangen werden und die Bearbeitung wird abgebrochen.

Mit diesem dreistufigen Konzept wird eine automatische Schnittaufteilung erreicht, so daß die Abtragsleistung des eingesetzten Schleifwerkzeugs voll ausgenutzt wird. Dieser Ansatz beruht auf der Verwendung eines starren Werkzeugs. Die Abtragsleistung muß ein Freischneiden des Werkzeugs gewährleisten. Die erreichbare Formgenauigkeit hängt von der absoluten Bahngenauigkeit der Führungsmaschine und dem gewählten Zeilenabstand ab. Eine Beeinflussung des Abtragsquerschnitts ist nicht möglich.

Schleifbearbeitung mit gesteuerter Vorschubgeschwindigkeit nach vorangegangener Vermessung

Ein Ansatz zur Feinbearbeitung von gegossenen Schiffspropellern aus Bronzelegierungen wird in /24/ beschrieben. Die Sollgeometrie liegt in Form von CAD-Daten vor. Mit einem Offline-Programmiersystem werden die Schleifbahnen festgelegt. Die Istgeometrie der Propellerblätter wird von einem Meßroboter mit Lichtschnittsensoren auf ± 0,1 mm genau vermessen. Ein zweiter Roboter führt das elastisch aufgehängte, hydraulisch angetriebene Schleifgerät mit einer konstanten Anpreßkraft von 300 N. Um die unterschiedlichen Aufmaße gezielt abtragen zu können, wird das jeweils erforderliche Abtragsvolumen über die Vorschubgeschwindigkeit eingestellt.

Die Bearbeitungszeit konnte im Vergleich zur manuellen Bearbeitung stark reduziert werden. Die erreichbare Formgenauigkeit ist durch die elastische Aufhängung des Werkzeugs von der absoluten Genauigkeit des Roboters entkoppelt und nur von der korrekt vorgegebenen Vorschubgeschwindigkeit und der Güte der Verschleißkompensation abhängig. Da der Abtragsquerschnitt nicht beeinflußt werden kann, ist dieser Ansatz auf schwach gekrümmte Werkstücke beschränkt.

2.2.5 Analyse und Bewertung der Automatisierungsansätze

Da bei Freiformflächen mit **lokalen, strukturierten** Geometriestörungen seitliche Bezugsflächen mit korrekter Geometrie vorhanden sind, ist die Verwendung von passiven Führungselementen zur Werkzeugführung am naheliegendsten. Wenn das erforderliche Abtragsvolumen bekannt ist, dann kann der Abtragsvorgang modellgestützt durch eine Regelung der Anpreßkraft oder der Motorleistung gesteuert werden. Eine geregelte Schleifbearbeitung (Geometrieregelung) erfordert eine sensorische Erfassung des aktuellen Bearbeitungszustandes, beispielsweise durch im Werkzeug integrierte Sensorik oder durch externe geometrieerfassende Sensoren. Das erzeugte Abtragsprofil, also die Eingriffsbreite und die Verteilung des Abtragsvolumens quer zum Werkzeugvorschub läßt sich nur bei starren Werkzeugen über geometrische Zusammenhänge mit der Werkstücktopologie berechnen.

Freiformflächen mit **globalen, strukturierten** Geometriestörungen weisen normalerweise eine ausreichende Konturtreue aus der Vorbearbeitung auf. Deshalb erfolgt hier die Führung und Ausrichtung des Werkzeugs überwiegend durch die Werkstückkontur selbst, wofür kleine, gleichmäßige Rillenabstände unabdingbar sind. Die speziellen Bearbeitungsprofile der fünfachsigen Fräsbearbeitung mit unterschiedlichen Rillenabständen sind für eine Werkzeugführung über die Werkstückkontur nicht geeignet. Es finden nahezu ausschließlich Sonderwerkzeuge, vorzugsweise Kurzhubhonwerkzeuge mit oszillierender Schnittbewegung, Verwendung. Die Größe der Wirkkörper ist auf den Abstand der Fräsrillen abgestimmt. Wird Sensorik eingesetzt, dann werden Kraftsensoren bzw. Drucksensoren für die Regelung der Anpreßkraft gewählt. Zur Erfassung des aktuellen Bearbeitungszustands kommen bildverarbeitende Systeme zum Einsatz, die das unterschiedliche Reflexionsverhalten bearbeiteter und unbearbeiteter Bereiche auswerten. Eine Beeinflussung des Abtragsprofils quer zum Werkzeugvorschub ist nur über den Zeilenabstand der Schleifbahnen möglich.

Die Automatisierungsansätze zur Feinbearbeitung **lokaler, unstrukturierter** Geometriestörungen sind gekennzeichnet durch eine ausschließlich gesteuerte Schleifbearbeitung. Das vorhandene Aufmaß wird entweder über eine Geometrievermessung mit Koordinatenmeßgeräten oder robergeführten optischen Sensoren ermittelt oder über eine definierte Vorbearbeitung auf ein vorgegebenes Maß gebracht. Das erforderliche Abtragsvolumen wird über die Anpreßkraft oder die Vorschubgeschwindigkeit des Schleifwerkzeugs eingestellt. Die mit der gesteuerten Bearbeitung erzielbaren Genauigkeiten sind vergleichsweise gering.

Die Automatisierungsansätze zur Bearbeitung **globaler, unstrukturierter** Geometriestörungen beruhen überwiegend auf einer Vermessung der Werkstückgeometrie. Die erforderliche Abtragstiefe wird aus dem Vergleich zwischen Konstruktionsdaten und Meßdaten bestimmt. Der Materialabtrag auf die geforderte Abtragstiefe erfolgt dann durch eine bahngesteuerte Führung des starren Schleifwerkzeugs. Die erzielbaren Formgenauigkeiten sind durch die absolute Bahngenauigkeit der Führungsmaschine und durch das Abtragsverhalten der starren Werkzeuge begrenzt.

Die Tabelle 2.1 gibt einen Überblick, welche Werkzeuge und Sensoren, sowie Methoden zur Werkzeugführung und zur Programmierung bei den unterschiedlichen Arten von Geometriestörungen vorzugsweise eingesetzt werden.

	lokal strukt.	global strukt.	lokal unstrukt.	global unstrukt.
Standardwerkzeuge	0	–	+	+
Sonderwerkzeuge	+	+	–	–
Werkzeugsensorik	0	–	–	–
Prozeßsensorik	+	0	+	+
Geometriesensorik	0	0	–	–
Mechanische Werkzeugführung	+	–	–	–
Bahngesteuerte Werkzeugführung	–	+	+	+
Sensorische Werkzeugführung	0	0	0	0
Modellgestützte Werkzeugführung	0	0	–	–
Teach-Programmierung	+	–	–	0
Sensor-Programmierung	–	–	–	0
Offline-Programmierung/Meß-Daten	0	–	+	+
Offline-Programmierung/CAD-Daten	0	+	–	–

<u>Tabelle 2.1</u>:   Einsatzhäufigkeit von Werkzeugen und Methoden bei der Feinbearbeitung von Freiformflächen (+ vorwiegend, 0 teilweise, - selten)

Die Lösungsansätze für eine automatisierte Endbearbeitung von Freiformflächen setzten sich industriell bisher kaum durch /25/. Eine Ausnahme bilden freiformflächenbehaftete Werkstücke mit geringen Genauigkeitsanforderungen oder mit schwach gekrümmten Oberflächen, die mit Sonderwerkzeugen bahngesteuert bearbeitet werden können. Die begrenzte industrielle Umsetzung ist zurückzuführen auf:

- die komplexe Aufgabenstellung, die Fachwissen aus unterschiedlichen Bereichen (Robotik, Sensorik, Programmierung, Zerspanung) erfordert,

- den hohen Entwicklungsaufwand für Einzellösungen, bei denen keine kurzfristige Amortisation erreicht werden kann,

– die hohen Genauigkeitsanforderungen, um zufriedenstellende Form- und Oberflächeneigenschaften zu erzielen,

– der technologisch bedingte Einsatz elastischer Schleifwerkzeuge, deren Abtragsverhalten bisher bei der Bahngenerierung nicht berücksichtigt werden kann.

Als Konsequenz ergibt sich die Forderung nach einem Lösungsansatz, der die gesamte, komplexe Problematik der Feinbearbeitung von Freiformflächen abdeckt und für ein breites Werkstückspektrum Gültigkeit hat. Ein applikationsspezifisch konfigurierbares Schleifsystem aus bewährten Standardkomponenten und -funktionen kann dies erfüllen. Detaillösungen aus bisherigen Automatisierungsansätzen, wie beispielsweise Methoden zur Werkzeugführung oder zur Geometrievermessung müssen integriert werden können. Was jedoch fehlt, ist ein universell einsetzbares, möglichst kostengünstiges Werkzeug, welches den Anforderungen der Freiformflächenbearbeitung entspricht. Es muß ein globales Formanpassungsvermögen bei lokaler Formgebungsfähigkeit aufweisen. Das Abtragsverhalten dieses Feinbearbeitungswerkzeugs muß, vor allem auch quer zur Vorschubrichtung, bekannt sein und bei der Programmierung berücksichtigt werden können.

Um diese Werkzeuge gezielt einsetzen zu können und um eine Grundlage für eine automatisierte Generierung von Bearbeitungsprogrammen zu schaffen, ist eine eingehende Untersuchung und Modellierung des Abtragsverhaltens elastischer Schleifwerkzeuge erforderlich. Deshalb werden im folgenden diejenigen Automatisierungsansätze eingehender betrachtet, welche eine Modellierung des Abtrags- und Verformungsverhaltens elastischer Bearbeitungswerkzeuge beinhalten.

2.3   Ansätze zur Abtrags- und Verformungsmodellierung

2.3.1   Abtragsmodellierung bei Werkzeugen mit geometrisch unbestimmter Schneide

Für die Schleifbearbeitung mit starren Schleifwerkzeugen auf Werkzeugmaschinen existiert eine Vielzahl von Prozeßmodellen. Hier sei auf die umfassende Übersicht in /26, 27/ verwiesen. Diese mathematisch formulierten Prozeßmodelle beruhen im allgemeinen auf der Regression empirisch ermittelter Daten und beschreiben den Zusammenhang zwischen Maschinenstellgrößen, Prozeßparametern, Werkzeugeigenschaften und der erzeugten Werkstückkontur. Diese Prozeßmodelle finden Verwendung bei der Prozeßauslegung in Offline-Systemen und bei der Prozeßregelung mittels Adaptive-Control-Systemen /28/ Zwei Lösungsansätze zur Abtragsmodellierung werden eingehender betrachtet, weil sie die Grundlage für weitere Untersuchungen bilden.

Abtragsmodellierung nach der Wirkdauer

Eine punktuelle Abtragsmodellierung beim Polieren asphärischer Spiegel wird in /29/ vorgestellt. Optische Oberflächen müssen nach einer Vorbearbeitung nicht nur geglättet sondern formgebend poliert werden, um Restfehler im Mikrometerbereich zu beseitigen. Die erforderliche örtliche Abtragstiefe wird aus der Differenzgeometrie zwischen interferometrisch ausgemessener und konstruktiv vorgegebener idealer Geometrie berechnet. Der verwendete Polierteller wird dabei als punktuelles Werkzeug betrachtet, dessen Elastizität von untergeordneter Bedeutung ist. Er weist einen Durchmesser von wenigen Millimetern auf und wird im Stirnbetrieb mit konstantem Anpreßdruck "p" geführt. Die gewünschte Abtragstiefe "A" wird über die Abtragsgleichung

$$A = c \cdot p \cdot t \tag{2.1}$$

in eine benötigte Wirkzeit „t" umgerechnet. Die Konstante "c" ist eine empirisch ermittelte Abtragskonstante. Die Maschinensteuerung führt das Polierwerkzeug entsprechend der berechneten Wirkzeit rasterförmig über die Werkstückoberfläche. Mit diesem modellgestützten Ansatz, der den Zusammenhang zwischen einstellbaren Prozeßparametern und erzielter Abtragstiefe beschreibt, lassen sich lokale Störungen der asphärischen Oberflächen gezielt abtragen. Die erreichbaren Formgenauigkeiten liegen bei 0,1 μm.

Abtragsmodellierung nach der Anzahl der aktiven Schleifkörner

Zur Automatisierung der Feinbearbeitung von Hohlformwerkzeugen wurde in 2.1.2 ein Lösungsansatz auf Basis von robotergeführten Sonderwerkzeugen vorgestellt. Um für die Offline-Programmierung dieser Schleif- und Honbearbeitung die Anzahl der Bewegungsbahnen des Roboters und deren Abstand zueinander bestimmen zu können, kommt ein Abtragsmodell zum Einsatz, welches den flächigen Abtrag der kraftgeführten Sonderwerkzeuge nachbildet /30/.

Für die Schleifbearbeitung kommt ein Schleifteller mit einem Durchmesser von 30 mm zum Einsatz. Auf einer starren Trägerschicht ist eine elastische Zwischenschicht aufgebracht, welche hinsichtlich einer konstanten Flächenpressung und damit konstanter Schnittwerte an jeder Stelle der Wirkfläche optimiert wurde. Um einen vollflächigen Betrieb zu ermöglichen, ist der Schleifteller kardanisch gelagert. Die pneumatisch aufgebrachte Vorspannkraft sorgt dafür, daß die Werkzeugorientierung sich an die aktuelle Flächennormale anpaßt.

Abtragsbestimmend sind neben der Körnung des Schleifbelags die Anpreßkraft und die Schnittgeschwindigkeit. Mit wachsender Korngröße nimmt die Abtragsleistung zu. Als Besonderheit bei diesem rotatorisch angetriebenem Werkzeug nimmt die Abtragsleistung mit zunehmender Anpreßkraft ab, da sich die Kornzwischenräume mit abgetragenem Werkstoff zusetzen. Aus der Überlagerung von Vorschubgeschwindigkeit "v_t" und Rotationsgeschwindigkeit "Ω" ergibt sich nach Bild 2.6 ein lokaler Geschwindigkeitsvektor „v_c", der die Abtragskontur entscheidend bestimmt.

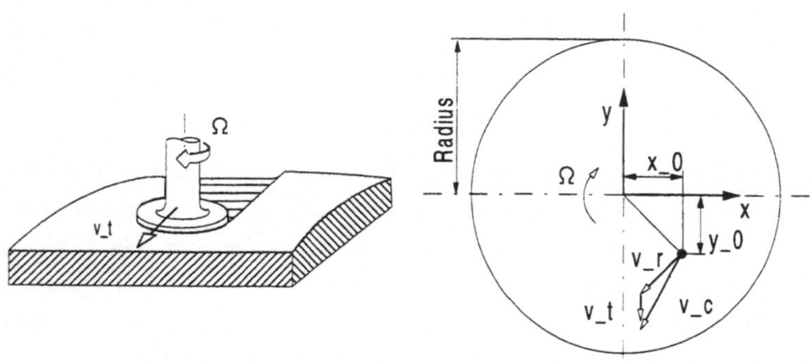

Bild 2.6: Geschwindigkeitsgrößen beim Stirnschleifen /30/

In dem Ansatz zur Modellierung des Werkstoffabtrags wird von einem Mikrospanen, Mikropflügen und Mikrofurchen durch die Schneiden des Schleifkorns ausgegangen. Der Abtrag an einem Flächenelement ist demzufolge eine Funktion der Anzahl der Schleifkörner, die diese Stelle pro Zeiteinheit überstreichen. Wird nach dieser Gleichung das gesamte Abtragsprofil des Schleiftellers quer zur Vorschubrichtung berechnet, erhält man den in Bild 2.7 gezeigten charakteristischen "w-förmigen" Abtragsquerschnitt. Bedingt durch das nichtlineare elastische Verhalten des Werkzeugs nimmt dieser Effekt bei höheren Anpreßdrücken ab. Die elastische Zwischenschicht wird überbrückt und mit zunehmendem Anpreßdruck bestimmt die Form der starren Trägerschicht den Abtragsquerschnitt.

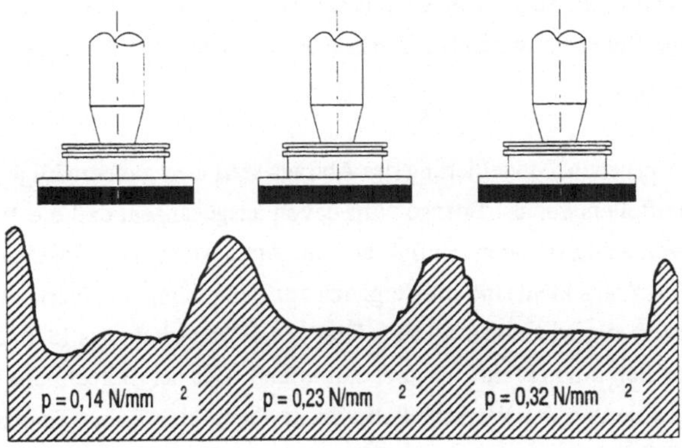

Bild 2.7: Abtragsquerschnitt des Stirnschleifers bei variablem Anpreßdruck /30/

Der Einfluß der Rotationsgeschwindigkeit auf das Abtragsvolumen und den Abtragsquerschnitt ist in Bild 2.8 zu sehen. Die Anzahl der Schleifkörner, die ein bestimmtes Flächenelement überstreichen, ist eine Funktion der Rotationsgeschwindigkeit und des Werkzeugradius. Dies bedeutet, daß die inneren Bereiche des Schleiftellers, die eine niedrigere Schnittgeschwindigkeit aufweisen, einen geringeren Anteil zum Gesamtabtrag beisteuern. Addiert man diese Abtragsanteile quer zur Vorschubrichtung auf, so erhält man zwangsläufig einen "w-förmigen" Abtragsquerschnitt.

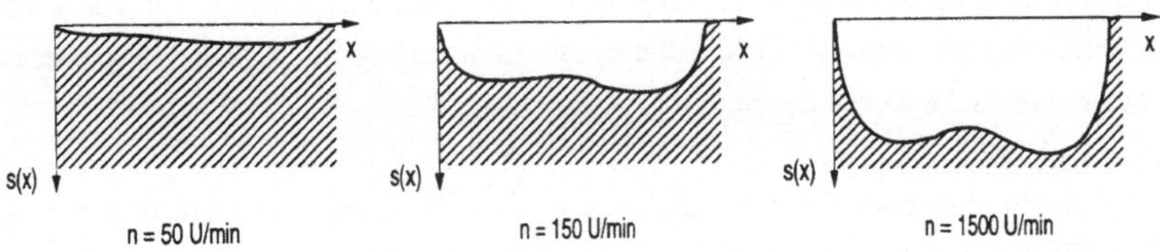

Bild 2.8: Abtragsprofile des Stirnschleifers bei variabler Rotationsgeschwindigkeit /30/

Die ungleichmäßige Gewichtung der "W-Form" wird auf den Gleichlauf- und Gegen-
laufanteil der Vorschubgeschwindigkeit an der lokalen Schnittgeschwindigkeit zurück-
geführt. Auf einer Hälfte des Schleiftellers erhöht die Vorschubgeschwindigkeit die
Schnittgeschwindigkeit und auf der gegenüberliegenden Seite reduziert sie diese. Die
Abstände benachbarter Schleifbahnen müssen so gewählt werden, daß eine günstige
Überlappung und über der gesamten Werkstückoberfläche ein möglichst gleichmäßiger
Abtrag erreicht wird.

Der gewählte Ansatz zur Modellierung des Abtrags setzt eine gleichmäßige Flächenpressung des Schleiftellers voraus. Ebenso wird davon ausgegangen, daß die Werkzeuggeo-
metrie einen vernachlässigbaren Einfluß auf die Abtragsform hat. Solange die Abmessungen des Werkzeugs klein sind im Vergleich zur Krümmung der Werkstückoberfläche
und die im Werkzeug wirkenden lokalen Flieh- und Trägheitskräfte klein sind im Vergleich zur globalen Anpreßkraft, ist dies zutreffend. Bei der Berechnung des Abtrags
wird die Strukturierung der Werkstückoberfläche durch eine vorangegangene Bearbeitung nicht berücksichtigt. Das integrale Verhalten des Schleifwerkzeugs muß den Einfluß dieser lokalen Geometriestörungen kompensieren.

2.3.2 Modellierung der Nachgiebigkeiten bei starren Schleifwerkzeugen

Die im Vergleich zu elastischen Schleifwerkzeugen sehr geringen Nachgiebigkeiten der
keramisch gebundenen, starren Schleifwerkzeuge haben schon erheblichen Einfluß auf
die Bearbeitungsqualität. Ein Ansatz zur Berücksichtigung von Elastizitäten bei starren
Schleifwerkzeugen wird in /31/ aufgezeigt. Die Bestimmung der tatsächlichen, für die
Abtragstiefe entscheidenden Kontaktlänge beruht auf der Überlagerung der geometrischen und der elastischen Kontaktlänge. Dabei erfolgt die Berechnung der elastischen
Kontaktverformung unter Berücksichtigung der Oberflächenrauhheiten auf Basis der
Hertz'schen Theorie. Es zeigte sich, daß die reale Kontaktlänge um 50%-200% größer ist
als die geometrische Kontaktlänge.

Für die Beschreibung der Kontaktsteifigkeit zwischen Werkzeug und Werkstück wird in
/32/ ein Ersatzmodell aus einer Vielzahl von masselosen Feder-Dämpfer-Systemen gebildet. Es ergeben sich mit der Hertz'schen Theorie übereinstimmende Kraftverläufe.
Auf die praktische Bedeutung dieser Kontaktverformung bei starren Schleifwerkzeugen
wird in /33/ eingegangen. Die Kontaktelastizitäten haben bedeutenden Einfluß auf die
Oberflächeneigenschaften und die Bearbeitungsgenauigkeit.

In /34, 35, 36/ wird das dynamische Nachgiebigkeitsverhalten des Gesamtsystems, also von Schleifmaschine, Schleifscheibe und Schleifprozeß, betrachtet. Der Schwerpunkt der Untersuchungen liegt hier auf dem Stabilitätsverhalten des Schleifprozesses, um Ratterschwingungen zu vermeiden und damit die Bearbeitungsqualität zu sichern.

2.3.3 Modellierung der Nachgiebigkeiten bei elastischen Schleifwerkzeugen

Die relativ geringen Nachgiebigkeiten starrer Schleifwerkzeuge beeinflussen über das Stabilitätsverhalten das Bearbeitungsergebnis. Noch bedeutender ist jedoch der Einfluß des Verformungsverhalten elastischer Werkzeuge auf das Bearbeitungsergebnis. Während die Kontaktlänge bzw. die Kontaktfläche bei den starren Schleifwerkzeugen im wesentlichen von den geometrischen Abmessungen des Werkzeugs und des Werkstücks sowie der gewählten Spantiefe abhängig ist, wird der Eingriffsbereich elastischer Schleifwerkzeuge zusätzlich von den Bearbeitungsparametern Anpreßkraft und Drehzahl bestimmt. Im folgenden werden einige Ansätze vorgestellt, die dieser Tatsache Rechnung tragen.

Verformungsmodellierung beim Bandschleifen mit elastischer Kontaktrolle

In /37/ wird für das Bandschleifen das Verformungsverhalten der elastischen Kontaktrolle untersucht. Dabei wird vor allem der Einfluß der Fliehkräfte und der Schleiftemperatur auf den resultierenden Elastizitätsmodul der Schleifband-Kontaktrollenpaarung und dessen Auswirkung auf den erzielten Abtrag aufgezeigt. Das statische Kontaktverhalten des elastischen Bandschleifwerkzeugs unterscheidet sich demzufolge stark von dessen dynamischem Kontaktverhalten. Der Durchmesser der Kontaktrolle nimmt zu und die Gesamtsteifigkeit der Schleifband-Kontaktrollenpaarung nimmt mit zunehmender Drehzahl ab. Der Einfluß des dynamischen Verformungsverhaltens des Werkzeugs kann bei der Bearbeitung nicht vernachlässigt werden.

Modellierung der nachgiebigen Werkzeugaufhängung

Industrieroboter benötigen zum Ausgleich von statischen und dynamischen Positionierfehlern und Werkstücktoleranzen nachgiebige Elemente in der Wirkkette. Diese beeinflussen die Werkzeugführung zwar positiv, erschweren jedoch eine gezielte Formgebung aufgrund ihrer unkontrollierten Ausweich- und Auslenkbewegungen. In /38/ wird die

Modellierung des Abtragsvorgangs mit einem drehelastisch gelagerten starren Schleifwerkzeugs vorgestellt (Bild 2.9).

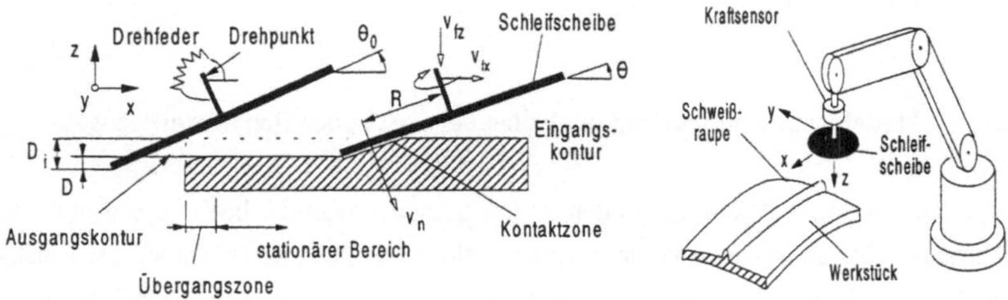

Bild 2.9: Elastisch gelagertes Schleifwerkzeug zum Abtragen von Schweißnähten /38/

Das Höhenprofil der abzutragenden Schweißraupe, also die geometrische Eingangsgröße
der Abtragssimulation, wird durch eine vorlaufende Meßanordnung erfaßt, welche aus
einer Reihe taktiler Abstandssensoren besteht. Ein Kraftsensor, zwischen Roboter und
Werkzeug angeflanscht, erfaßt die Anpreßkraft und über die Stromaufnahme des Schleifantriebs wird die aktuelle Abtragsleistung bestimmt. Der Modellansatz beruht auf der
Gleichung für das Zeitspanvolumen „Q":

$$Q = A \cdot v_n \tag{2.2}$$

dem Produkt aus dem Abtragsquerschnitt „A" und der Abtragsgeschwindigkeit „v_n".
Durch Einsetzen der geometrischen und der abtragsbestimmenden Größen erhält man die
Bewegungsgleichung der drehelastischen Ausgleichsachse und damit ein dynamisches
Abtragsmodell. Die Auslenkung „θ„ der elastischen Werkzeuganordnung wird durch die
folgende nichtlineare Differentialgleichung erster Ordnung beschrieben /38/:

$$\dot{\theta} = \frac{\sin\theta}{R - \dfrac{D_i - R\left(\sin\theta_0 - \sin\theta\right)}{2\sin\theta}} \cdot \left[\frac{K_1 \omega\mu K_s\left(\theta_0 - \theta\right) - K_2}{W\left(D_i - R\left(\sin\theta_0 - \sin\theta\right)\right)} - v_{fx}\right] \tag{2.3}$$

Bei einer Vorschubbewegung des Werkzeugs stellt sich zwischen dem Abtragstiefe infolge der drehelastischen Auslenkung des Werkzeugs und dem neu zugeführtem Material ein Gleichgewicht ein. Die sich einstellende Abtragstiefe und damit das resultierende

Höhenprofil der Schweißraupe kann somit berechnet werden. Umgekehrt lassen sich diejenigen Prozeßparameter ermitteln, die zum Erzielen einer definierten Abtragstiefe erforderlich sind.

Experimentell konnte die Abtragstiefe mit einer Genauigkeit von 80% bestimmt werden. Die grundsätzlichen Zusammenhänge zwischen Auslenkung und Abtragstiefe lassen sich auch auf eine linearelastische Werkzeugaufhängung übertragen. Für Abtragsquerschnitte, die nicht wie in diesem Fall auf einfache Weise über die Probenbreite „W" und die Abtragstiefe „D" beschrieben werden können, gilt dies nicht. Der Einsatz elastischer Werkzeuge ist aufgrund der vorhandenen Vorspannung zwar denkbar, jedoch kann eine ungleichmäßige Flächenpressung nicht berücksichtigt werden. Damit ist ein sinnvoller Einsatz dieses Konzepts für lokale strukturierte Geometriestörungen nicht aber für eine flächige Bearbeitung gegeben.

2.3.4 Bewertung und Konsequenzen

Die Mehrzahl der Lösungsansätze zur Automatisierung der Endbearbeitung von Freiformflächen beinhalten keine Modellierung des Abtragsverhaltens oder beschränken sich auf eine Kontrolle des Abtragsvolumens über die gemessene Antriebsleistung des Werkzeugs. Einige wenige Ansätze beinhalten eine punktuelle Abtragsmodellierung beziehungsweise eine flächige Abtragsmodellierung bei einer homogenen Verteilung des Anpreßdruckes. Die Kenntnis des Abtragsverhaltens dieser Sonderwerkzeuge kommt bei der Offline-Programmierung zum Tragen.

Untersuchungen zum Nachgiebigkeitsverhalten von Schleifwerkzeugen beschränken sich fast ausschließlich auf die Schleifbearbeitung mit keramisch gebundenen starren Werkzeugen auf Werkzeugmaschinen. Die Steifigkeit dieser Wirkkette und vor allem der Kontaktpaarung zwischen Werkstück und Werkzeug liegt um Größenordnungen über derjenigen von robotergestützten Bearbeitungsverfahren. Die Modellierung dieser Nachgiebigkeiten hat zum Ziel, die Bearbeitungsqualität hinsichtlich Welligkeit und Rauheit sicherzustellen. Im Bereich der robotergestützten Bearbeitung ist lediglich die vorgestellte Modellierung der nachgiebigen Aufhängung eines starren Werkzeugs bekannt. Dadurch wird eine dynamische Simulation des Abtragsvorgangs und der gezielte Abtrag von lokalen, strukturierten Geometriestörungen wie beispielsweise von Schweißnähten ermöglicht, solange das Werkzeug nicht im Grundmaterial zum Eingriff kommt.

Bei den bekannten Automatisierungsansätzen zur Endbearbeitung von Freiformflächen werden kaum Standardwerkzeuge aus der manuellen Bearbeitung eingesetzt, obwohl diese sich dort bestens bewährt haben. Der Grund ist darin zu suchen, daß diese elastischen Schleifteller mit Durchmessern im Bereich von 50...250 mm gekennzeichnet sind durch eine ungleichmäßige Verteilung der Anpreßkraft und durch ein drehzahlabhängiges Abtragsverhalten. Auch die Krümmungsverhältnisse der Werkstückgeometrie haben Rückwirkungen auf die Ausprägung des Abtragsquerschnitts. Dort wo elastische Werkzeuge dennoch Verwendung gefunden haben, müssen die Besonderheiten im Abtragsverhalten auf empirische Weise berücksichtigt werden /6/.

Eine automatisierte Feinbearbeitung benötigt eine qualitative und quantitative Kenntnis des Abtragsverhaltens der zum Einsatz kommenden Werkzeuge. Für elastische Schleifwerkzeuge gibt es noch keine Ansätze zur vollständigen Modellierung des Abtrags- und Verformungsverhaltens unter Einbeziehung der Werkstückgeometrie. Sowohl beim manuellen Teachen von Bearbeitungsprogrammen als auch bei der Offline-Programmierung muß bekannt sein, welches Abtragsvolumen erzeugt wird und vor allem welcher Abtragsquerschnitt sich für die aktuellen Bearbeitungsparameter einstellt. Diese Zusammenhänge aufzuzeigen und für eine automatisierte Bearbeitung nutzbar zu machen, ist das Ziel dieser vorliegenden Arbeit.

3 Analyse der Bearbeitungsaufgabe

3.1 Anforderungen an die Feinbearbeitung

Das betrachtete Werkstückspektrum nach Kapitel 2.1 ist durch unterschiedlich ausgeprägte Geometriestörungen gekennzeichnet. Deren Größenordnungen sind in <u>Tabelle 3.1</u> zusammengefaßt, wobei eine Unterscheidung nach einem strukturierten und einem unstrukturierten Anteil vorgenommen wird /39/.

	Geometriestörung - strukturierter Anteil	Geometriestörung - unstrukturierter Anteil
Guß- und Schmiedeteile		Aufmaß durch Gußhaut oder Reparaturschweißung: - bis zu einigen Millimetern
Form- und Preßwerkzeuge	*3-Achs-Fräsen* - Breite ca. 5 mm - Tiefe 0,2-0,6 mm *5-Achs-Fräsen* - Breite ca. 15mm - Tiefe 0,1 mm	Formfehler aus Maschinenungenauigkeit resultierend: - von 0,02 mm bis mehrere Zehntel Millimeter
Blechformteile	*Hartlotraupe* - Breite 5-15 mm - Höhe 0,5-3 mm *Schweißraupe* - Breite 5-8 mm - Höhe 0,5-1,5 mm *Lasernahtraupe* - Breite 1-2 mm - Höhe 0,1-0,3 mm	Aufwölbung der Nahtzone zum Ausgleich von Nahtversatz und Einbrand: - Breite ca. 20-40 mm - Höhe ca. 0,1-0,3 mm

<u>Tabelle 3.1</u>:   Größenordnungen der Geometriestörungen von Freiformflächen

Dieser Ausgangslage stehen die technologischen Anforderungen an die freiformflächenbehafteten Werkstücke gegenüber. Zwei übergeordnete Ziele werden mit der Feinbearbeitung von Freiformflächen verfolgt. Es geht zum einen darum, die geforderte **Funktionalität** des Werkstücks, wie z.B. Paßform, Verschleißfestigkeit oder Lackierfähigkeit, zu gewährleisten und zum andern, die **ästhetischen Anforderungen**, beispielsweise einen durchgängigen Konturzug oder ein optisch zufriedenstellendes Reflexionsverhalten zu erfüllen.

Die Anforderungen an die Feinbearbeitung eines Werkstücks werden in /1/ den Bereichen Geometrie, Oberfläche und Werkstoff zugeordnet. Für die spanende Feinbearbeitung sind vor allem die zulässigen Gestaltabweichungen, also die absolute und relative Maßhaltigkeit, und die Oberflächenbeschaffenheit von Bedeutung. Tabelle 3.2 gibt einen Überblick über die technischen Anforderungen und ihre Zuordnung zu diesen objektivierbaren Größen.

	Absolute Maß-haltigkeit	Relative Maß-haltigkeit	Oberflächenbe-schaffenheit
Paßform	+	0	−
Strak (= durchgängiger Konturverlauf)	0	+	−
Strömungswiderstand	−	+	+
Verschleißfestigkeit	−	0	+
Lackierfähigkeit	−	−	+
Reflexionsverhalten	−	0	+

Tabelle 3.2: Zuordnung der Gestaltsabweichungen zu den unterschiedlichen Bearbeitungszielen bei der Feinbearbeitung von Freiformflächen
(+ relevant, 0 untergeordnet, - ohne Einfluß)

Eine detaillierte Untergliederung der Gestaltabweichungen wird in /40/ vorgenommen. Demzufolge beziehen sich die absoluten **Formabweichungen** als Gestaltabweichungen 1.Ordnung auf die gesamte Istoberfläche eines Formelements. Die relative **Welligkeit** als Gestaltabweichung 2.Ordnung bezieht sich auf einen Flächenausschnitt der Istoberfläche und umfaßt ein Verhältnis der Wellenabstände zur Wellentiefe zwischen 1000:1 und 100:1. Diese Gestaltabweichungen treten im allgemeinen als Beulen oder Dellen zu Tage. Die **Rauheit** entspricht Gestaltabweichungen der 3. bis 5.Ordnung und umfaßt das Verhältnis von Wellenabstand zu -tiefe von 100:1 bis 5:1. Die Bearbeitungsspuren einer Werkzeugschneide entsprechen beispielsweise einer Gestaltabweichung 3.Ordnung. An einem realen Werkstück überlagern sich alle Ordnungen der Gestaltabweichungen zur Istoberfläche. Die in der Praxis geforderten Werte für zulässige Formabweichungen, zulässige Welligkeit und maximale Rauhheit sind für die betrachteten Produktgruppen in Tabelle 3.3 zusammengefaßt /41,42,43/.

	Zulässige Formabweichungen	Zulässige Welligkeiten	Maximale Rauheit R_a
Guß- und Schmiedeteile	einige Zehntel Millimeter bei Propellerblättern bis ± 5 mm bei Turbinenschaufeln	ca. 300:1	1,6-12 µm abhängig von der Beanspruchung
Form- und Preßwerkzeuge	einige Hundertstel Millimeter	vgl. zulässige Formabweichung	0,01-0,1µm bei Spritzgießwerkzeugen 0,6-1,2 µm bei Preßwerkzeugen
Blechformteile	Absolutgenauigkeit ist im allgemeinen von untergeordneter Bedeutung	ca. 10.000:1 (Dellen von ca. 5 µm Tiefe sind sichtbar)	10 µm (unregelmäßige Riefenstruktur ist erforderlich)

Tabelle 3.3: Anforderungen an die Feinbearbeitung von Freiformflächen

Die Anforderungen an die Feinbearbeitung konzentrieren sich demzufolge in erster Linie auf die Welligkeit, mit dem Ziel, einen durchgängigen Konturzug zu erreichen. Die Schwierigkeit liegt darin, die Welligkeit auf die geforderte Größe zu reduzieren eine durch die Vorbearbeitung erreichte Formtreue zu beeinträchtigen. Daraus resultiert die Forderung nach einem Bearbeitungswerkzeug, das eine globale Angleichung an die vorhandene Form ermöglicht, aber eine lokale Formgebungsfähigkeit aufweist.

Nur bei den Preß- und Formwerkzeugen ist die absolute Formtreue von Bedeutung. Diese kann weitestgehend über die Genauigkeit der Fräsbearbeitung gewährleistet werden, zumal sich zunehmend die Hochgeschwindigkeitsbearbeitung mit minimalen Zeilenabständen und damit hohen Genauigkeiten durchsetzt. Die Oberflächenbeschaffenheit wird vom Aufbau des Wirkkörpers und der Kinematik des Werkzeugs bestimmt und ist größtenteils von der Werkzeugführung und der Werkstücktopologie unabhängig.

3.2 Analyse der derzeitigen manuellen Bearbeitung

Die bisherige manuelle Bearbeitung der Freiformflächen wird den gestellten technologischen Anforderungen durchaus gerecht, wenn auch der erforderliche manuelle Anteil im Vergleich zum maschinellen Anteil überproportional groß ist /44/. Für die Konzeption einer automatisierten Feinbearbeitung empfiehlt es sich deshalb, die bei der manuellen Bearbeitung zum Einsatz kommenden Werkzeuge, die Bearbeitungsstrategien und die Methoden zur Überprüfung des Bearbeitungsergebnisses eingehend zu analysieren. Diese Analyse der manuellen Feinbearbeitung erfolgt produktübergreifend, mit dem Ziel, allgemeine Zusammenhänge und Vorgehensweisen herauszuarbeiten.

3.2.1 Werkzeuge zur manuellen Feinbearbeitung

Die manuelle Feinbearbeitung bedient sich immer des spanenden Trennens mit undefinierten Schneiden. Dies ist einerseits durch die technologischen Anforderungen an Form- und Oberflächeneigenschaften begründet, andererseits erfordert eine manuelle Werkzeugführung einen Prozeß mit beherrschbaren Reaktionskräften. Hier weisen Werkzeuge mit undefinierter Schneidenform Vorteile gegenüber solchen mit definierter Schneide auf. Der entscheidende Unterschied ist, daß die Abtragstiefe nicht über die Zustellung sondern über die Anpreßkraft vorgegeben wird, wodurch der Abtragsvorgang sehr feinfühlig gesteuert und die Reaktionskräfte aus dem Prozeß gering gehalten werden können.

Ein weiterer Vorteil der Wirkkörper mit undefinierter Schneidenform besteht darin, daß der Unterbau des Werkzeugs mit unterschiedlicher Steifigkeit ausgeführt werden kann. Das Spektrum reicht von steifen, keramisch gebundenen Schleifwerkzeugen mit einer definierten Abtragskontur bis zu elastischen, kunstharzgebundenen Schleifwerkzeugen mit einer hohen Formanpassung an die aktuellle Werkstücktopologie und damit auch variablem Abtragsquerschnitt. Die Abtragsleistung eines Schleifwerkzeugs wird vom Aufbau, der Körnung, den Abmessungen und den Bearbeitungsparametern bestimmt. Diese Zusammenhänge werden bei der manuellen Bearbeitung gezielt für die unterschiedlichen Bearbeitungsschritte eingesetzt. Für die Konturgebung kommen relativ steife und grobkörnige Werkzeuge zum Einsatz, die mit zunehmendem Bearbeitungsfortschritt von elastischeren und feinkörnigeren Schleifwerkzeugen abgelöst werden.

Eine weitere Unterteilung der eingesetzten Schleifwerkzeuge ergibt sich aufgrund kinematischer Kriterien. Ob Stirnschleifen oder Umfangsschleifen gewählt wird, hängt im wesentlichen von der Werkstücktopologie und der Zugänglichkeit ab. Bevorzugt wird die Stirnschleifbearbeitung gewählt, da die Führung des Werkzeugs beim Umfangsschleifen aufgrund des Linienkontakts schwieriger zu beherrschen ist als beim Stirnschleifen mit flächigem Eingriff. Beim Stirnschleifen wird nur mit schräg angestelltem Werkzeug gearbeitet, da hier die Reaktionskräfte aus dem Schleifprozeß keine sprungartigen Richtungsänderungen aufweisen wie dies beim vollflächigen Betrieb der Fall ist.

Zusammenfassend kann festgehalten werden, daß bei der manuellen Feinbearbeitung überwiegend elastische Schleifteller zum Einsatz kommen, wie es in <u>Bild 3.1</u> gezeigt ist. Deren Formgebungs- und Formanpassungsfähigkeit läßt sich über die Wahl des Anstellwinkels und der Körnung beeinflussen. Der Verschleiß bewirkt keine Änderung des Abtragsprofils und verbrauchte Schleifblätter können über die Klettverbindung leicht ausgetauscht werden.

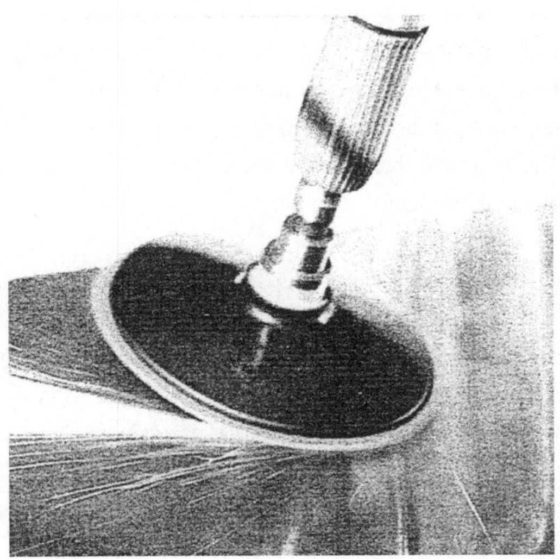

<u>Bild 3.1</u>: Vorzugsweise bei der manuellen Feinbearbeitung eingesetztes elastisches Schleifwerkzeug

3.2.2 Methoden zur manuellen Prozeßsteuerung

Die manuelle Bearbeitung verlangt spezielle Methoden zur Beeinflussung des Abtragsvorgangs und zur anschließenden Bewertung von Werkstückform, Welligkeit und Oberflächenbeschaffenheit. Die Führung des Schleifwerkzeugs durch den Werker, vor allem
die Einhaltung einer günstigen Orientierung zwischen Schleifteller und Werkstück erfolgt weitgehend intuitiv. Die gewünschte Abtragsleistung wird über die Anpreßkraft
vorgegeben. Aus dem Geräuschspektrum und dem Funkenflug können Rückschlüsse auf
die tatsächliche Abtragsleistung gezogen werden. Die geometrischen Größen der Bearbeitung, wie die aktuelle Eingriffsbreite werden visuell überwacht. Aus dem Verhältnis
der aktuellen Eingriffsbreite zum jeweiligen Krümmungsradius des Werkstücks kann die
resultierende Abtragstiefe abgeschätzt werden.

Eine direkte Bewertung der Form, Welligkeit und Oberflächenstruktur ist während der
Bearbeitung nur bedingt möglich. Die metallisch glänzende Riefenstruktur aus der spanenden Bearbeitung erschwert die visuelle Kontrolle erheblich. Bei diesen Oberflächen-
verhältnissen hat eine taktile Bewertung der Werkstücktopologie eine viel höhere Aussagekraft. Die sensitiven Fähigkeiten der menschlichen Hand ermöglichen das Auffinden
von Welligkeiten mit einer Amplitude von wenigen Mikrometern. Dabei dient der Hand-
ballen zur Führung während die Fingerspitzen Änderungen im Konturverlauf erfassen.
Der Einfluß der Riefenstruktur läßt sich durch die Verwendung von Handschuhen ohne
Verlust an Auflösung ausschalten.

Für eine objektivere Prüfung der Werkstücktopologie werden bei der manuellen Bearbeitung unterschiedliche Hilfsmittel eingesetzt. Allein Formschablonen ermöglichen die
Überprüfung der absoluten Maßhaltigkeit. Zur Überprüfung der Welligkeit bieten sich
Abziehleisten an. Anhand der damit erzeugten Riefenstruktur kann die Lage und Ausdehnung von Dellen und Beulen sehr leicht sichtbar gemacht werden.

3.2.3 Strategie der manuellen Bearbeitung

Charakteristisch für die manuelle Feinbearbeitung ist eine Unterteilung des Bearbei-
tungsablaufs in unterschiedliche Teilschritte nach

- aktiver Konturgebung,

- passivem Konturangleich und

– Oberflächenstrukturierung.

Die erste Bearbeitungsstufe hat eine aktive Konturgebung zum Ziel. Zunächst wird "überstehendes" Material, welches ohne Gefahr einer Formverletzung entfernt werden kann, mit hoher Abtragsrate abgetragen. Dabei wird die Bearbeitungszone über eine Variation der Werkzeugorientierung facettenartig an die Umgebungsgeometrie angeglichen. Es wird ein möglichst schmaler Werkzeugeingriff angestrebt, um ein gezieltes Abtragen zu ermöglichen. Die Konturgebung beinhaltet bei der Bearbeitung von Blechformteilen auch die unumgänglichen Richtarbeiten, die zum Ziel haben, ein vorhandenes Untermaß aus dem Fügeprozeß oder Umformvorgang zu beseitigen. Dabei handelt es sich um ein iteratives Vorgehen, das aus Materialabtrag, Prüfen der Kontur, Richtarbeiten falls erforderlich und wiederum spanendem Bearbeiten besteht.

Der passive Konturangleich dient dazu, die Bearbeitungsspuren aus der aktiven Konturgebung zu beseitigen, ohne die Kontur selbst zu beeinflussen. Dies wird mit einem breiten Werkzeugeingriff erreicht, der die globale Formanpassungsfähigkeit der elastischen Schleifwerkzeuge und die lokale Formgebungsfähigkeit des Werkzeugs begünstigt.

Die manuelle Bearbeitung wird mit der Strukturierierung der Oberfläche abgeschlossen. Dazu gehört eine vorgegebene maximale Rauheit und eine Riefenstruktur, die auf die Funktion der Freiformfläche abgestimmt ist. Dieser abschließende Bearbeitungsschritt wird mit großflächig arbeitenden, elastischen Werkzeugen durchgeführt.

Die manuelle Feinbearbeitung erfordert ein großes Maß an Erfahrung und Geschicklichkeit, um durchgängige Konturzüge zu erzeugen. Dazu ist die manuelle Feinbearbeitung sehr zeitintensiv und beansprucht in der Regel einen großen Anteil an der Gesamtbearbeitungszeit. Beim Einebnen der Fügezonen von Blechformteilen liegen die Bearbeitungszeiten im Minutenbereich, können jedoch bei Guß- und Schmiedeteilen und Formwerkzeugen mehrere Wochen in Anspruch nehmen /45/. Dies läßt die Feinbearbeitung zum kritischen Engpaß im sonst weitgehend automatisierten Fertigungsablauf werden.

3.3 Hinderungsgründe für eine Automatisierung

Nach vielen Jahren der Stagnation eine deutliche Steigerung des Robotereinsatzes im Bereich "Bearbeiten" zu verzeichnen. Dennoch ist in diesem humanisierungsträchtigen Bereich der Anteil des Entgratens, Schleifens, Polierens und Gußputzens trotz des vorhandenen Automatisierungspotential immer noch als sehr gering einzuschätzen /46/. Eine Anwenderbefragung zu Automatisierungshemmnissen bei der Oberflächenbearbeitung mit Industrierobotern in /47/ ergab, daß die Gerätetechnik (Roboter, Steuerung, Werkzeuge, Sensorik..) nicht als wesentlicher Hinderungsgrund angesehen wird. Entscheidend sind demnach

- technologiebezogene Hemmnisse, wie der hohe Engineeringaufwand und Probleme bei der Verfahrensauswahl durch fehlendes prozeßspezifisches Wissen,

- werkstückbezogene Hemmnisse, wie große Werkstücktoleranzen und unzugängliche Bearbeitungsstellen, und

- wirtschaftliche Hemmnisse aufgrund der Typenvielfalt und zu geringer Stückzahlen.

Diese Aussagen decken sich mit den Schlußfolgerungen aus der Analyse bisheriger Automatisierungsansätze in Kapitel 2.2.5. Eine automatisierte Feinbearbeitung erfordert Werkzeuge, die sich an die globale Werkstückkrümmung anpassen und gleichzeitig eine lokale Formverbesserung ermöglichen. Das qualitativ und quantitativ unbekannte, komplexe Abtragsverhalten der für diese Bearbeitung erforderlichen elastischen Schleifwerkzeuge stellt den gewichtigsten technologischen Hinderungsgrund für eine Automatisierung dar. Deshalb konnten die bewährten Methoden und Werkzeuge aus der manuellen Bearbeitung bisher nicht für eine automatisierte Bearbeitung genutzt werden. Die Automatisierung der Schleifbearebitung von Freiformflächen stellt eine komplexe Aufgabenstellung dar, die eine Gesamtbetrachtung der robotergestützten Feinbearbeitung von Freiformflächen erfordert.

4 Konzeption eines Schleifsystems zur robotergestützten Feinbearbeitung

4.1 Systemübersicht

Ein Schleifsystem zur automatisierten Feinbearbeitung von Freiformflächen läßt sich entsprechend Bild 4.1 in drei Hauptbereiche unterteilen. Die **Hardwarekomponenten** bilden die gerätetechnische Basis des Schleifsystems. Hierzu gehören die Führungs- maschine, die Bearbeitungswerkzeuge und Sensoren zur Prozeßgrößen- und Geometrie- erfassung. Industriell erprobten und bewährten Komponenten ist der Vorzug vor Sonder- konstruktionen zu geben. Gleiches gilt für die **Systemfunktionen**, die nicht bearbei- tungsspezifisch sind und aus dem Bereich der robotergestützten Automatisierung über- nommen werden können. Hier sind in erster Linie die Methoden zur Werkzeugführung und Hilfsmittel zur Programmierung der Bewegungsbahnen zu nennen. Die **Anwen- dungsfunktionen** stellen die bearbeitungsspezifische Kernkompetenz des Schleif- systems dar. Im Rahmen dieser Arbeit wird auf Bearbeitungsstrategien zur geregelten und zur gesteuerten Schleifbearbeitung näher eingegangen. In Abhängigkeit von der vor- liegenden Aufgabenstellung sind geeignete Systemkomponenten auszuwählen und zu ei- nem Gesamtsystem zusammenzufassen.

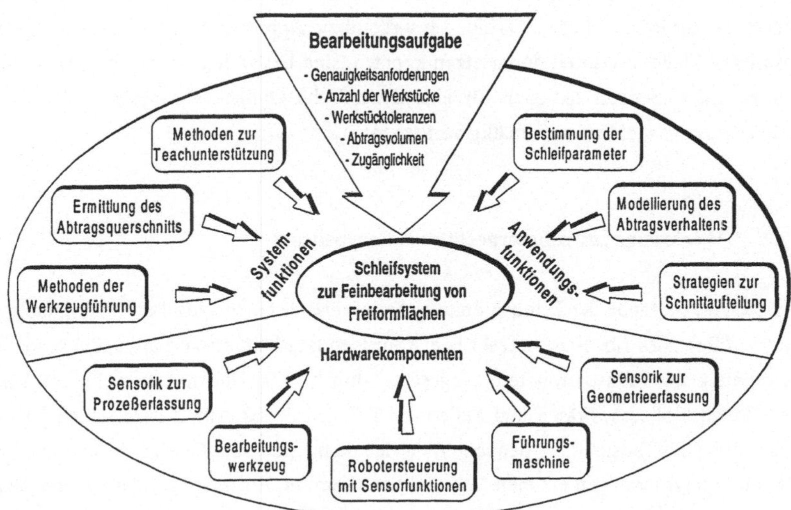

Bild 4.1: Übersicht über Komponenten und Funktionen eines Schleifsystems

4.2 Hardwarekomponenten

4.2.1 Führungsmaschine zur automatisierten Feinbearbeitung

Bei dem betrachteten Werkstückspektrum bietet sich aufgrund der Abmessungen und des Gewichts der Werkstücke eine Führung des Werkzeugs durch einen Roboter an. Zur Positionierung und Orientierungsstellung des Bearbeitungswerkzeugs wird eine sechsachsige Kinematik benötigt. Bei einer Tragkraft von mindestens 5 kg richtet sich der erforderliche Arbeitsraum nach den Werkstückabmessungen. Für die spanende Bearbeitung werden nach bisherigen Erfahrungswerten Vorschubgeschwindigkeiten von maximal 10 m/min benötigt. Die absolute Genauigkeit der Bahnbewegung kann aufgrund einer überlagerten sensorgestützten Korrekturbewegung weit unterhalb der geforderten Konturgenauigkeiten im Millimeterbereich liegen. Diese Forderungen werden von den heutigen Industrierobotern problemlos erfüllt.

Bei der Steuerung des Roboters konzentrieren sich die Anforderungen auf die Sensorfunktionalität. Hier muß es möglich sein, Sensorregelkreise für eine Abstands- und Kraftregelung zu konfigurieren und parametrieren. Die Abtastzeit sollte 20 ms nicht überschreiten und die Totzeit für die Umsetzung der berechneten Korrekturwerte ebenfalls in diesem Bereich liegen. Da sich sensorgestützte Applikationen bisher nicht in dem erwarteten Maße industriell durchsetzen konnten, sind bei vielen kommerziellen Robotersteuerungen Sensorfunktionen für eine dynamische Online-Führung eines Bearbeitungswerkzeugs nicht standardmäßig verfügbar.

4.2.2 Werkzeuge zur robotergestützten Bearbeitung

Die zentrale Aufgabe der Feinbearbeitung besteht darin, einen gezielten Materialabtrag durchzuführen. Es gibt eine Vielzahl von spanenden Bearbeitungsverfahren, die schon in Verbindung mit Industrierobotern eingesetzt wurden /47/. Neben dem Schleifen sind dies Honen, Polieren, Fräsen und Feilen. Im Rahmen dieser Arbeit wird schwerpunktmäßig die Schleifbearbeitung betrachtet, da sich damit eine gute Oberflächenqualität bei hohem Abtragsvermögen erzielen läßt und vor allem die Prozeßkräfte gut beherrschbar sind. Unterschiedliche Schleifwerkzeuge wurden hinsichtlich ihrer Eignung für eine automatisierte Feinbearbeitung untersucht /43/. Dazu gehören:

- keramisch gebundene Schleifscheibe für die Umfangsbearbeitung,

- keramisch gebundener Schleifteller für die Stirnbearbeitung,

- kunstharzgebundene, elastische Schleifteller von unterschiedlicher Steifigkeit für die Stirnbearbeitung und

- Bandschleifer mit und ohne Druckplatte.

Eine Bewertung der untersuchten Schleifwerkzeuge anhand der für die Bearbeitung von Freiformflächen relevanten Anforderungen ist in Tabelle 4.1 enthalten.

	Schleifscheibe (keramisch)	Schleifteller (keramisch)	Schleifteller (kunstharz)	Bandschleifer (kunstharz)
Formgebungsvermögen	über Profilierung, Anstellwinkel	über Anstellwinkel	über Prozeßparameter	über Druckplatte, Anstellwinkel
Formanpassungsvermögen	nicht vorhanden	nicht vorhanden	einstellbar über Anstellwinkel	teilweise über Bandelastizität
Beeinflussung der Oberflächenqualität	über Körnung,	über Körnung, Schleifrichtung	über Körnung, Schleifrichtung	über Körnung
Beeinflussung der Abtragsleistung	nur über Zustellung	nur über Zustellung	über Drehzahl, Anpreßkraft	über Drehzahl, Anpreßkraft
Rückwirkungen	sehr hoch	sehr hoch	stark gedämpft	stark gedämpft
Verschleißverhalten	Formänderung	Formänderung	reduzierte Zerspanleistung	reduzierte Zerspanleistung
Zugänglichkeit	durch Werkzeugabmessungen begrenzt	durch Werkzeugabmessungen begrenzt	durch Werkzeugabmessungen begrenzt	nur konvexe Formen
Werkzeugwechsel	aufwendig	aufwendig	sehr günstig	mittel

Tabelle 4.1: Bewertung der untersuchten Schleifwerkzeuge

Bei den keramisch gebundenen Schleifwerkzeugen besteht zwar die Möglichkeit, eine gezielte Formgebung über die Anstellung des Werkzeugs zu erreichen, aber aufgrund des fehlenden Formanpassungsvermögens kommt es sehr leicht zu scharfkantigen Übergängen zwischen den einzelnen Bearbeitungsbahnen, die durch eine nachfolgende Bearbeitung nicht mehr ausgeglichen werden können. Die hohe Werkzeugsteifigkeit gibt Prozeß- und Störkräfte ungedämpft an die Führungsmaschine weiter. Bei einer sensorgestützten Werkzeugführung ist deshalb nur eine geringe Dynamikbandbreite einstellbar. Der unvermeidliche Werkzeugverschleiß führt bei den keramisch gebundenen Schleifwerkzeugen zu einer Formänderung und erfordert ein regelmäßiges Abrichten. Der Werkzeugwechsel gestaltet sich aufwendig.

Das Formgebungsvermögen elastischer Schleifwerkzeuge ist geringer als das steifer Werkzeuge, kann aber in gewissen Grenzen über die Werkzeuganstellung und damit über die Kontaktsteifigkeit eingestellt werden. Sehr günstig für eine Feinbearbeitung ist das Formanpassungsvermögen elastischer Werkzeuge, welches ebenfalls über die Einstellung der Bearbeitungsparameter beeinflußt werden kann. Der Werkzeugverschleiß führt zu keiner Formänderung, sondern wirkt sich auf die Zerspanleistung aus. Der Werkzeugwechsel gestaltet sich einfach, da nur das Schleifblatt oder -band ausgetauscht werden müssen. Die Rückwirkungen des Prozesses auf die Werkzeugführung werden durch das Werkzeug vorteilhaft gedämpft.

Für eine automatisierte Schleifbearbeitung mit Robotern bieten elastische Werkzeuge die besten Voraussetzungen. Die größte Bedeutung kommt dabei der Fähigkeit zu, sich einerseits an die globale Werkstücktopologie anzupassen und andererseits lokal eine Formgebung durchführen zu können. Im Vergleich mit dem Bandschleifer wird dem elastischen Schleifteller der Vorzug gegeben. Aufgrund der besseren Zugänglichkeit eignet sich der Schleifteller auch zur Bearbeitung konkaver Werkstückoberflächen. Über eine Variation der Prozeßparameter läßt sich das Formanpassungs- und das Formgebungsvermögen in weiten Bereichen verändern, ohne das Werkzeug austauschen zu müssen. Die vorzugsweise eingesetzte Klettbindung stellt eine stabile Verbindung zwischen dem Werkzeugträger und dem Wirkkörper dar und erlaubt einen einfachen und sehr schnellen Wechsel des verschlissenen Schleifblatts.

Das für eine automatisierte Bearbeitung favorisierte Werkzeug, der elastische Gummiteller mit dem über die Klettverbindung gekoppelten Schleifblatt, ist in <u>Bild 4.2</u> skizziert. Im folgenden werden sich die werkzeugspezifischen Betrachtungen auf dieses Werkzeug beziehen.

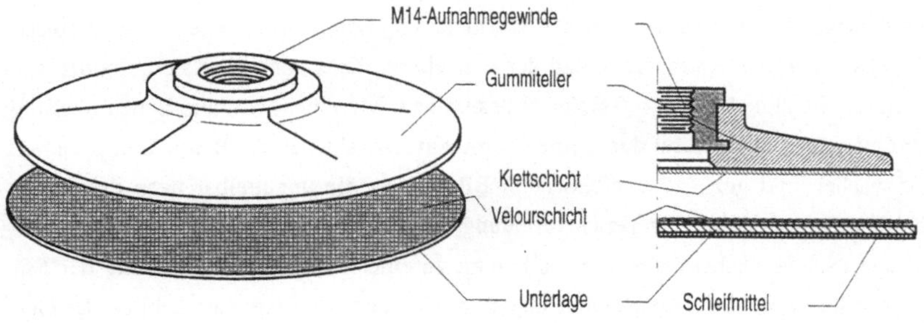

Bild 4.2: Ausgewählter elastischer Schleifteller mit auswechselbarem Schleifblatt

4.2.3   Sensorik zur Prozeßgrößenerfassung

Um den Bearbeitungsprozeß beeinflussen zu können, müssen die Prozeßgrößen bekannt sein. Die Erfassung der Prozeßgrößen kann entweder auf der Seite der Führungsmaschine, oder direkt am Werkzeug oder eingeschränkt auch am Werkstück erfolgen. Die verfügbaren Informationen beziehen sich überwiegend auf die Abtragsleistung und die resultierenden Prozeßkräfte. Es lassen sich jedoch auch Aussagen zur aktuellen Werkstückgeometrie ableiten.

4.2.3.1   Erfassung globaler Prozeßgrößen

Der Werkzeugeingriff läßt sich mit Körperschallsensoren überwachen. Über eine Frequenzanalyse erhält man zusätzlichen Aufschluß über die Abtragsleistung und eingeschränkt über die aktuelle Eingriffsbreite. Die einfachste Möglichkeit zur Bestimmung der Abtragsleistung bietet die Messung des Motorstroms am Schleifantrieb. Zusätzliche Informationen über den Bearbeitungsvorgang enthalten die Kräfte und Momente, die auf das Werkzeug zurückwirken. Mit einem Kraft-/Momentensensor, der zwischen Roboter und Werkzeug angeordnet ist, läßt sich zusätzlich zur Regelung der Abtragsleistung eine Kollisionsüberwachung aufbauen /48,49/. Eine Verschleißüberwachung ist aus dem Verhältnis der Kraftkomponenten - Anpreßkraft zu tangentialer Schleifkraft - möglich. Mit zunehmendem Verschleiß des Wirkkörpers verringert sich die aus den Schnittkräften resultierende tangentiale Schleifkraft.

Jeder spanende Abtragsvorgang führt zwangsläufig zu einer Temperaturerhöhung des Werkstücks. Aufgrund der begrenzten Wärmeleitung kommt es zu einem Temperaturgefälle zwischen der Abtragszone und der Umgebung. Dies kann man sich zunutze machen, um die aktuelle Eingriffsbreite zu bestimmen. Mit einer kontinuierlichen Messung der Oberflächentemperatur durch eine Thermokamera läßt sich der Bearbeitungsvorgang überwachen und gezielt beeinflussen. In <u>Bild 4.3</u> ist die unmittelbar nach dem Überschliff aufgenommene Temperaturverteilung beim Abtragen einer lokalen Geometriestörung (Schweißnaht) dargestellt. Es kommt zu einer abrupten Vergrößerung der Eingriffsbreite, wenn die Schweißraupe abgetragen ist und das Werkzeug seitlich der Geometriestörung im Grundmaterial in Eingriff kommt. Für eine Online-Eingriffsbreitenregelung bietet sich anstelle einer stationären flächigen Temperaturerfassung eine an das Werkzeug gekoppelte zeilenförmige Temperaturerfassung an.

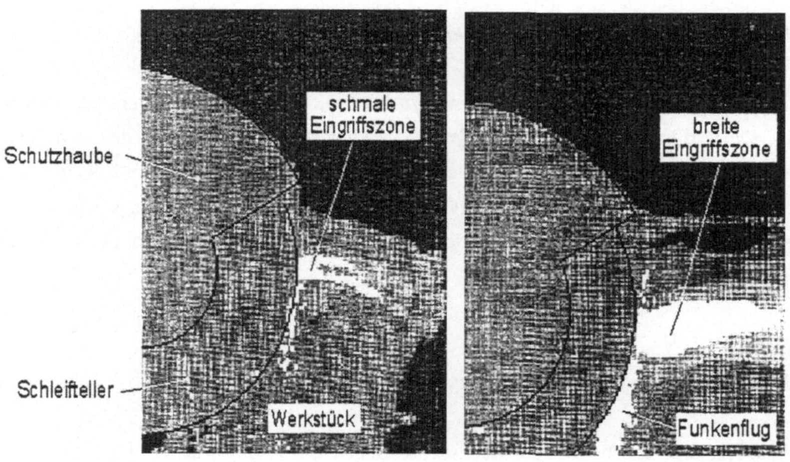

<u>Bild 4.3</u>: Erfassung des aktuellen Bearbeitungszustands mittels Thermografie
 a) schmaler Werkzeugeingriff auf der lokalen Geometriestörung
 b) flächiger Eingriff nach Abtrag des überstehenden Materials

4.2.3.2 Erfassung von Prozeßgrößen am Werkzeug

Der Abtragsvorgang wirkt auf das Bearbeitungswerkzeug in Form von Kräften und Verformungen zurück. Vor allem bei elastischen Werkzeugen erhält man dadurch die Möglichkeit, Prozeßgrößen und bedingt auch Informationen über den aktuellen Geometriezustand am Werkzeug abzugreifen. So kann beim Einebnen lokaler Geometriestörungen an der aktuellen Eingriffsbreite erkannt werden, wann die Störung abgetragen ist. Bei einem schräg angestelltem Schleifteller läßt sich die Eingriffsbreite aus dem zeitlichen Verlauf der Kontaktkraft ableiten.

Ein im rotierenden Schleifwerkzeug integrierter Kraftsensor kann die Kontaktkraft während einer Umdrehung erfassen. Um eine hohe örtliche Auflösung und geringe Rückwirkungen aus der Sensormasse zu erhalten, muß ein Kraftsensor mit minimalen Abmessungen zum Einsatz kommen. Dabei muß die Bandbreite des Sensors und des Meßverstärkers auf die Drehzahl und die gewünschte örtliche Auflösung abgestimmt sein. Bild 4.4 zeigt einen kommerziell verfügbaren Miniaturkraftsensor auf Basis von Dehnungsmeßstreifen, der in den elastischen Schleifteller direkt unterhalb der Klettverbindung integriert wurde.

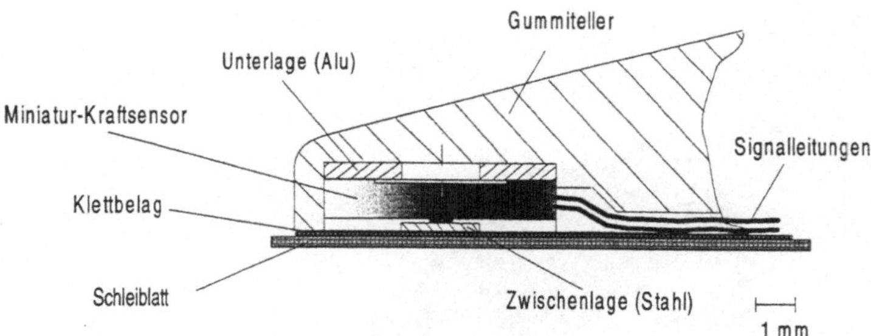

Bild 4.4: Elastischer Schleifteller mit eingebautem Miniaturkraftsensor

Mit dem integrierten Miniaturkraftsensor lassen sich lokale Kräfte bis 10 N bei einer Bandbreite von 10 kHz messen. Für unterschiedliche Prozeßparameter wurden die Kontaktkraftsignale aufgezeichnet und ausgewertet. Bei der Variation der Drehzahl ohne Werkzeugeingriff zeigte sich, daß das Signalniveau kontinuierlich mit der Drehzahl ansteigt. Der vorspannungsfrei zwischen Gummiteller und Klettbelag eingebaute Kraftsensor erhält aufgrund von Fliehkräften eine Vorspannung, die durch die Kontaktkraft abgebaut werden muß, bevor sich der Eingriff im Kraftsignal bemerkbar macht. Bei einer Drehzahl von 6400 min^{-1} reduziert die Vorspannung den nutzbaren Signalhub um die Hälfte. Der Maximalwert bleibt relativ unbeeinflußt von der Drehzahl. Die Signalverläufe bei bei der Bearbeitung eines ebenen Werkstücks sind für unterschiedliche Drehzahlen in Bild 4.5 dargestellt.

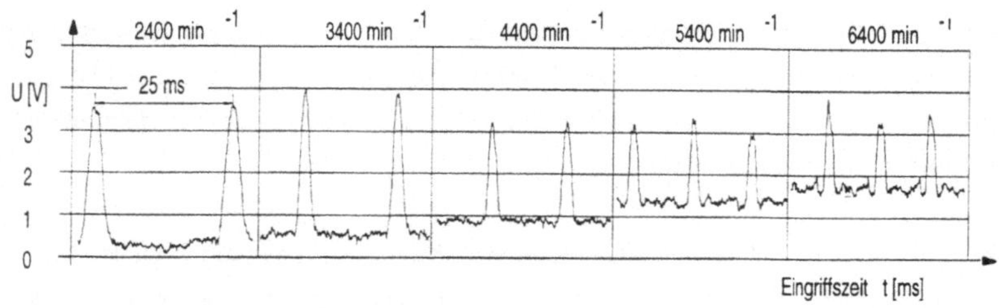

<u>Bild 4.5</u>: Gemessene Kontaktkraftverläufe bei Variation der Drehzahl

In <u>Bild 4.6</u> sind die bei der maximaler Drehzahl von 6400 min^{-1} aufgezeichneten Kontaktkraftverläufe dargestellt, die sich bei der Bearbeitung eines ebenen Werkstücks in Abhängigkeit von der globalen Anpreßkraft ergeben. Das Sensorsignal ist über der Eingriffszeit aufgetragen. Aus der Eingriffszeit läßt sich die Eingriffsbreite berechnen.

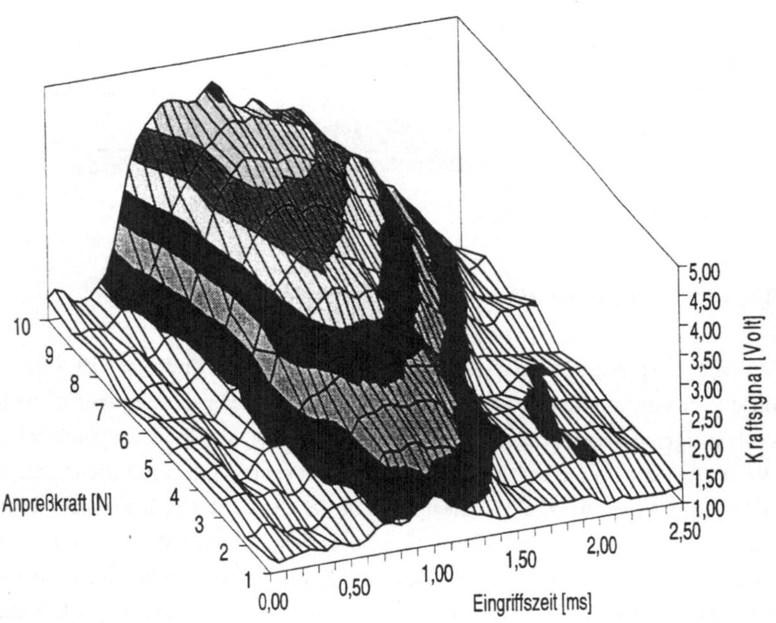

<u>Bild 4.6</u>: Kontaktkraftverläufe bei Variation der Anpreßkraft - mit im Schleifteller integriertem Miniaturkraftsensor gemessen

Die Eingriffsbreiten, sowohl die über das Kraftsignal berechneten als auch die am Werkstück ausgemessenen, sind in Bild 4.7 über der globalen Anpreßkraft aufgetragen. Es zeigt sich, daß die aus dem Kontaktkraftverlauf abgeleitete Eingriffsbreite durchgängig um ca. 10 mm kleiner ist als die am Werkstück ausgemessene Eingriffsbreite, was auf den oben beschriebenen Effekt der drehzahlabhängigen Vorspannung zurückzuführen ist. Bei entsprechender Berücksichtigung dieser Randbedingungen lassen sich aus den Kraftverläufen eines mitrotierenden Kraftsensors die Eingriffsbreite und daraus Rückschlüsse auf den aktuellen Bearbeitungszustand gewinnen.

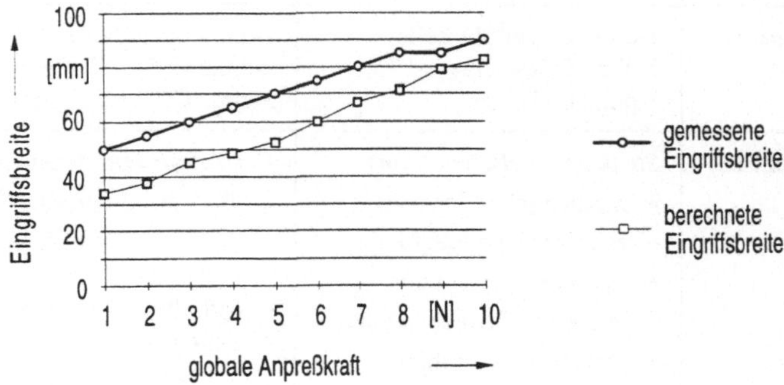

Bild 4.7: Gemessene und aus Kraftsignal berechnete Eingriffsbreite bei Kraftvariation

4.2.4 Sensorik zur Geometrievermessung

Um die Schleifbearbeitung steuern und das Bearbeitungsergebnis nach Form, Welligkeit und Rauhheit bewerten zu können, ist eine direkte Vermessung erforderlich /50/. Werkstückgeometrien, beziehungsweise ein- oder mehrdimensionale Abstände können sowohl taktil als auch berührungslos erfaßt werden /51/. Obwohl die taktilen Verfahren eindeutige Vorteile bei schwierigen Oberflächenbeschaffenheiten des Werkstücks aufweisen, werden nur berührungslose, mehrdimensionale Meßverfahren näher betrachtet, da die Erfassungsraten der taktilen Verfahren um Größenordnungen unterhalb der von berührungslosen Verfahren liegen und für eine Online-Erfassung einer Werkstückgeometrie nicht ausreichen. Eine Systematik optischer Verfahren zur Werkstückvermessung ist in Tabelle 4.2 zu sehen. Aus der Kombination eines Meßaufnehmers mit einer Beleuchtungseinheit lassen sich je nach angewandtem Meßprinzip unterschiedliche Sensorsysteme realisieren.

Merkmal	*Geometrie* • Abstände(1-dim.) • Querschnittsprofil (2-dim.) • Freiformgeometrie (3-dim.)	*Intensität* • Oberflächenstruktur • Markierungen, Anrisse
Meßprinzip	*Abstandsmessung* • Triangulation • Laufzeit-/Phasenmessung • Interferometrische Verfahren	*Helligkeitsmessung*
Aufnehmer	1-dim.: CCD/PSD-Zeile 2-dim.: CCD-Array 3-dim.: CCD-Array	1-dim.: Photodiode 2-dim.: CCD/PSD-Zeile 3-dim.: CCD/PSD-Array
Beleuchtung	*Strukturierte Beleuchtung* • mechanisches Scannen – zentrisch/parallel/zirkular • optische Aufweitung – refraktive/diffraktive Optik • abbildende Verfahren – Gitterträgerprojektion – LCD-Grauwertprojektor	*Unstrukturierte Beleuchtung* • Photogrammetrische Verfahren • optisches Profilometer 1-dimensional 2-dimensional

<u>Tabelle 4.2</u>:   Systematik von Meßverfahren zur optischen Geometrieerfassung

Die Anforderungen an die Meßbereiche und Auflösungen der Geometriesensorik ergeben sich aus den Anforderungen an die Bearbeitung nach Kap.3.2. Die Oberflächeneigenschaften spanend bearbeiteter Werkstücke stellen an optische Systeme höchste Anforderungen. Optische Meßverfahren erfordern entweder diffus streuende oder glänzende Oberflächen. Bei der Verwendung von Sensoren mit kohärentem Licht wird die erreichbare Auflösung zusätzlich durch Interferenzen mit der Mikrostruktur der Oberfläche begrenzt (Speckle-Effekt). Weiterhin sind Anforderungen zu berücksichtigen, die sich aus dem Robotereinsatz ergeben. Daher kommen nur Meßsysteme infrage, die über ein geringes Gewicht und eine hohe Robustheit gegen Erschütterungen verfügen.

Zur Erfassung der Form bieten sich Lichtschnittsensoren auf Basis der zweidimensionalen Triangulation an /52/. Die gängigen Meßbereiche decken die Eingriffsbreite elastischer Schleifwerkzeuge ab, und die verfügbaren Meßraten von 50 Hz reichen aus, um bei Vorschubgeschwindigkeiten von 10 m/min Profilschnitte im Abstand von 3 mm zu erhalten. Das Meßprinzip der aktiven Triangulation verlangt diffus streuende Oberflächen um Genauigkeiten im Mikrometerbereich zu erhalten. Bei reduzierter Genauigkeit lassen sich auch spanend bearbeitete, metallisch glänzende Oberflächen vermessen. Bild 4.8 zeigt exemplarisch eine von einem robotergeführten Lichtschnittsensor aufgenommene Fügezone.

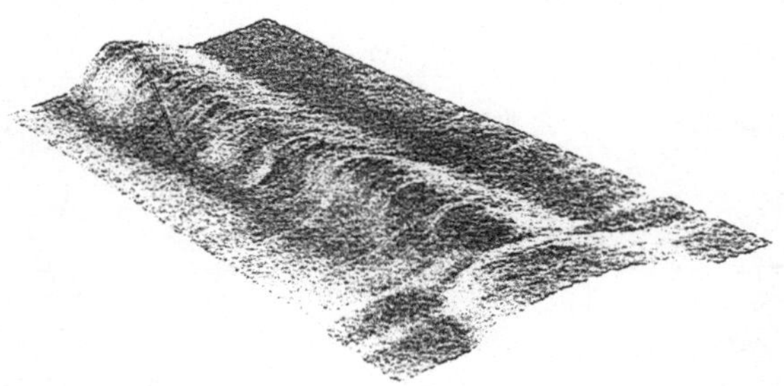

Bild 4.8: Von robotergeführtem Lichtschnittsensor aufgenommene Fügezone

Für die Erfassung der Welligkeit eignen sich optische Profilometer. Deren Meßprinzip beruht auf der Intensitätsmessung einer von der Werkstückoberfläche unter flachem Winkel reflektierten strukturierten Lichtquelle. Voraussetzung für dieses Meßprinzip sind Oberflächen mit einem hohen Glanzgrad, der bei matten Oberflächen über eine spezielle Vorbehandlung gewährleistet werden muß. Zur großflächigen Vermessung werden stationäre Systeme angeboten /53/, bei denen Auflösungen von weniger als 3 µm möglich sind. Für eine linienbezogene Bestimmung der Welligkeit sind mobile Profilometer verfügbar /54/.

4.3   Systemfunktionen

4.3.1   Methoden zur Werkzeugführung

Bei einer spanenden Bearbeitung wird das Werkzeug üblicherweise von einer steifen Werkzeugmaschine nach vorprogrammierten Bahnen geführt. Die erreichbare Bearbeitungsgenauigkeit hängt von den statischen und dynamischen Bahnabweichungen ab. Eine spanende Bearbeitung mit einem Industrieroboter erfordert spezielle Methoden zur Werkzeugführung, um die Werkstück- und Bahnfehler kompensieren zu können /55/. Ein Toleranzausgleich läßt sich durch Kopplung des Werkzeugs an das Werkstück erreichen. Es gibt dafür prinzipiell zwei Möglichkeiten. Die Kopplung kann entweder geometriegeführt über einen definierten Abstand oder kraftgeführt über eine vorgegebene Anpreßkraft erfolgen. Die geometrie- oder kraftgekoppelte Werkzeugführung wiederum kann aktiv über Sensorik oder passiv über mechanische Systeme realisiert werden. In Bild 4.9 sind die prinzipiellen Möglichkeiten zur Werkzeugführung zusammengestellt.

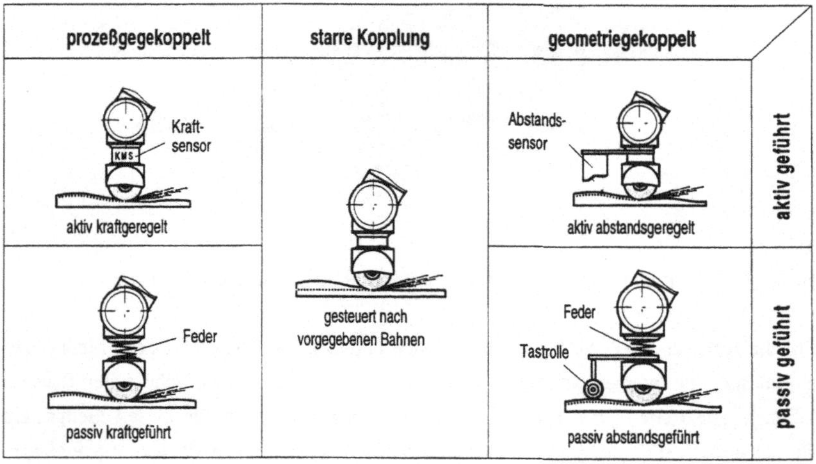

Bild 4.9: Prinzipielle Möglichkeiten zur Werkzeugführung durch den Roboter

Die geometriegekoppelte Werkzeugführung erfordert eine ideale Bezugsgeometrie. Damit wird der Einsatzbereich auf das Einebnen lokaler Geometriestörungen eingeschränkt. Rückwirkungen aus dem Prozeß werden nicht erfaßt. Dies ist bei der Bearbeitung von Blechformteilen kritisch, da die Prozeßwärme zu unkontrollierten Verformungen führen kann. Mit der kraftgekoppelten Werkzeugführung läßt sich die Abtragsleistung über die Anpreßkraft steuern und flächige Bearbeitungen ohne Bezugsgeometrie sind möglich.

Die passive Werkzeugführung stellt die Kopplung zum Werkstück über mechanische Elemente, wie beispielsweise Tastrollen zur Abstandsführung oder mit über Federn vorgespannten Linearführungen zur Kraftführung her. Die erreichbare Bandbreite der Nachführung wird über die mechanischen Eigenfrequenzen vorgegeben. Eine aktive Werkzeugführung beruht auf dem Einsatz von Sensoren. Sensorregelkreise setzen die Differenz zwischen Istwert und programmierbarer Sollgröße in Korrekturoffsets auf die Roboterbahn um. Die erreichbare Bandbreite ist im wesentlichen von der Achsdynamik abhängig. Die regelungstechnischen Zusammenhänge sind in /43/ detailliert beschrieben.

Für eine automatisierte Schleifbearbeitung bietet eine aktive, kraftgekoppelte Werkzeugführung die breitesten Einsatzmöglichkeiten und ermöglicht es, den Teachvorgang über eine Handführung des Roboters zu beschleunigen. Die Nachgiebigkeit eines elastischen Schleiftellers als passive Ausgleichskomponente erhöht die einstellbare Bandbreite einer kraftgekoppelten Sensorregelung erheblich.

4.3.2 Sensorunterstütztes Teachen von Bewegungsbahnen

Aufgabenstellungen mit geringen Schwankungen in der Ausgangsgeometrie können mit einer festen, empirisch ermittelten Schleifbahnfolge bearbeitet werden. Voraussetzung hierfür ist, daß der Abtragsvorgang über eine kraftgeregelte Werkzeugführung reproduzierbar gehalten werden kann. Die Schleifbahnen müssen dazu in Abhängigkeit von den Krümmungsverhältnissen über einzelne Stützpunkte vorgegeben werden. Für das Bearbeitungsergebnis ist die korrekte Positionierung und Orientierung des Schleifwerkzeugs entscheidend. Die Ermittlung einer geeigneten Schleifbahnfolge wird daher sinnvollerweise durch eine Profilvermessung unterstützt, die nach jedem Überschliff Informationen über den aktuellen Geometriezusatand liefert und damit die Entscheidung über die Anordnung der nächsten Schleifbahn erleichtert.

Es bietet sich an, diesen iterativen Prozeß zur Ermittlung einer idealen Schleifbahnfolge durch eine Handführung des Roboters zu erleichtern und zu beschleunigen. Da für die Bearbeitung sowieso eine kraftregelte Führung des Schleifwerkzeugs realisiert werden muß, kann diese Funktionalität auch für den Teachvorgang genützt werden. Die Kraftregelung in Werkzeugkoordinaten ermöglicht die manuelle Führung des Roboters direkt am Bearbeitungswerkzeug über den Kraft-/Momentensensor.

<u>Bild 4.10</u> zeigt die kraftgeregelte Schleifbearbeitung zum Einebnen einer Fügezone eines Blechformteils. Die empirisch ermittelte Schleifbahnfolge wurde über eine Handführung des Roboters geteacht /56/.

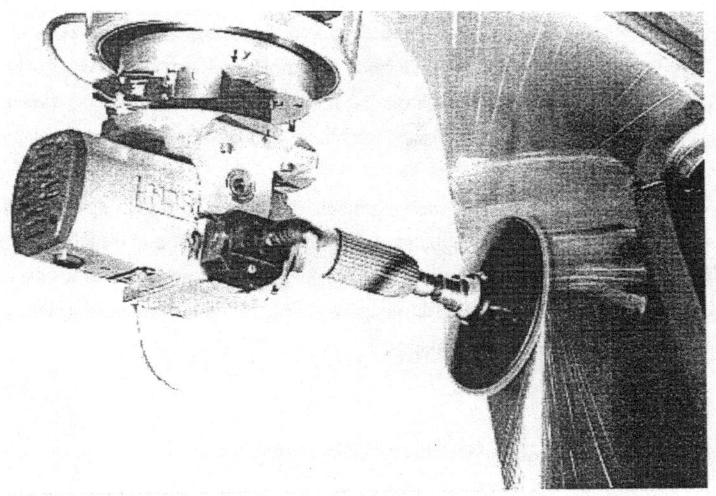

<u>Bild 4.10</u>: Kraftgeregelte Bearbeitung einer Fügezone nach einer empirisch ermittelten
Schleifbahnfolge

4.4 Bearbeitungsstrategien

4.4.1 Geregelte Schleifbearbeitung über Eingriffsbreitenmessung

4.4.1.1 Zusammenhang zwischen Eingriffsbreite und Kontaktkraft

Beim Abtragen lokaler Geometriestörungen muß ein Konturangleich an eine ideale Umgebungsgeometrie erfolgen. Dabei kommt es zu einer charakteristischen Erhöhung der Eingriffsbreite, wenn das Schleifwerkzeug die Störung abgetragen hat und seitlich der Störung zum Eingriff kommt. Mit eine Regelung auf eine definierte Eingriffsbreite lassen sich lokale Geometriestörungen gezielt einebnen. Bei der Bearbeitung ebener Werkstücke kann mit guter Übereinstimmung aus dem Kontaktkraftsignal eines mitrotierenden Kraftsensors auf die Eingriffsbreite geschlossen werden (vgl. Kap. 4.2.3.1). Die Kontaktkraftverläufe für ein Testwerkstück mit definierten Eingriffsbreiten sind in Bild 4.11 dargestellt.

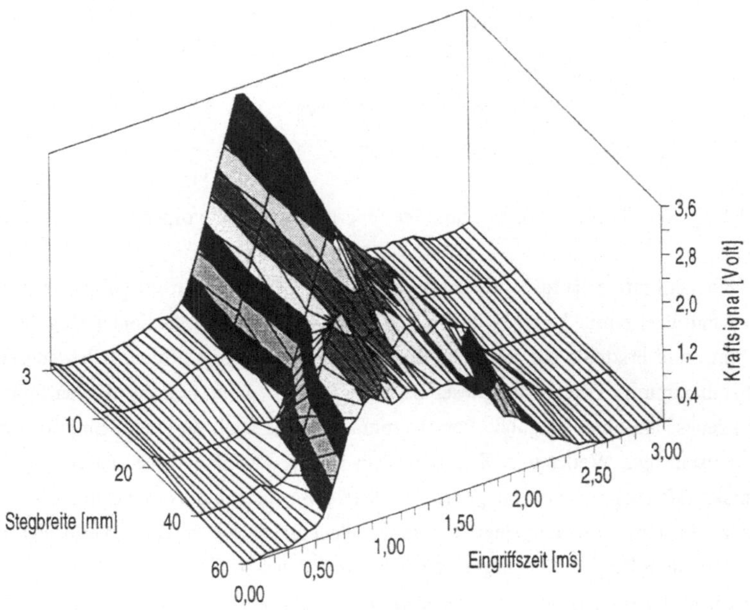

Bild 4.11: Signalverläufe des integrierten Kraftsensors bei variablen Stegbreiten

Die aus den Kontaktkraftverläufen ermittelten Eingriffsbreiten sind über der vorgegebenen Stegbreite in <u>Bild 4.12</u> aufgetragen. Es zeigt sich, daß bei kleinen Stegbreiten kein linearer Zusammenhang mehr zwischen der Signalbreite der Kontaktkraft und der tatsächlichen Eingriffsbreite vorliegt. Dies ist darauf zurückzuführen, daß das Trägermaterial des Schleifblatts und der Klettbelag einen integrierenden Einfluß für die lokal wirkenden Kontaktkräfte haben. Scharfkantige Übergänge in der Eingriffszone werden im Kontaktkraftsignal nicht als solche wiedergegeben, sondern bauen sich über eine Strecke von ca. 20 mm kontinuierlich ab. Der integrierende Charakter dieser Art von Kontaktkraftmessung begrenzt damit die erreichbare örtliche Auflösung einer Eingriffsbreitenbestimmung. Dies muß bei einer Auswertung der Kontaktkraftverläufe berücksichtigt werden.

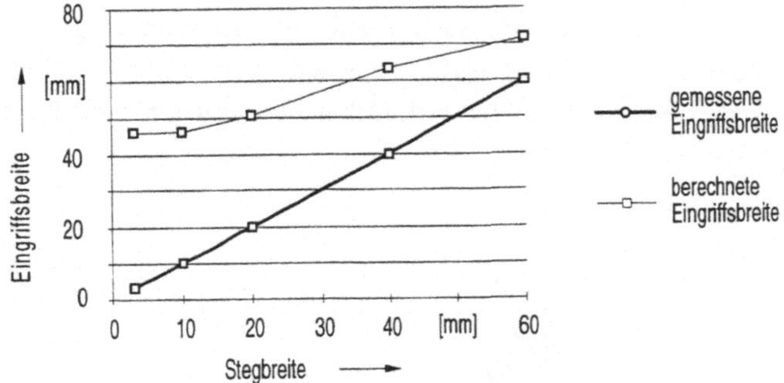

<u>Bild 4.12</u>: Aus der Kontaktkraft ermittelte Eingriffsbreiten bei vorgegebenen Stegbreiten

Die Kontaktkraftverläufe beim Abtragen einer lokalen Geometriestörung, eines Stegs von 3 mm Breite und 2 mm Höhe, sind in <u>Bild 4.13</u> dargestellt. Bei einer Steghöhe von 1,6 mm wird erstmals ein seitlicher Eingriff in Form eines kontinuierlich wachsenden Nebenmaximums erkennbar. Dieser seitliche Eingriff liegt auf der Einlaufseite des Werkzeugs. Ab einer Steghöhe von 0,4 mm kommt es auch zu einem Eingriff auf der Auslaufseite des Werkzeugs. Zwischen dem Haupt- und den Nebenmaxima geht die Kontaktkraft aufgrund der integrierenden Meßweise nicht auf Null zurück, obwohl es hier zu keinem Werkzeugeingriff kommt. Wenngleich die örtliche Auflösung eines mitrotierenden Kraftsensors begrenzt ist, lassen sich aus dem Kontaktkraftsignal eindeutige Rückschlüsse auf den aktuellen Bearbeitungszustand beim Abtragen einer lokalen Geometriestörung ziehen.

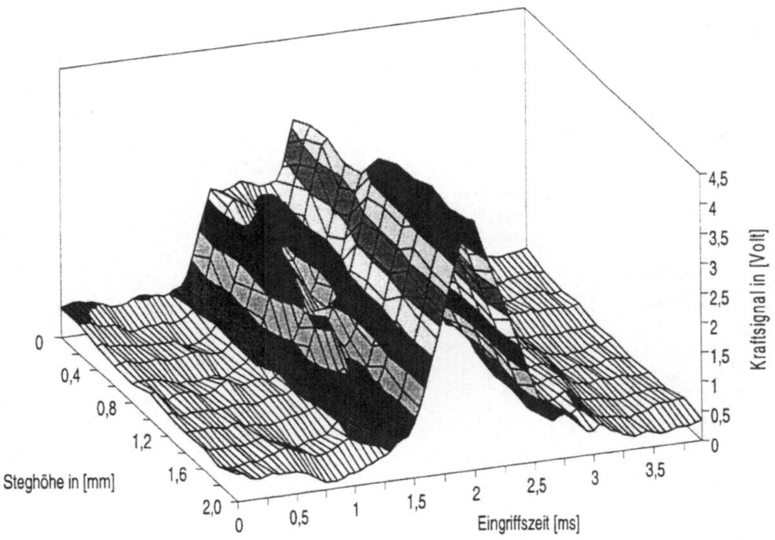

Bild 4.13: Änderung der Signalverläufe des integrierten Miniaturkraftsensors während des Abtragens einer lokalen Geometriestörung (Stegbreite 3 mm)

4.4.1.2 Auswerteschaltung zur Eingriffsbreitenmessung

Aus dem Kontaktkraftsignal läßt sich mit einer elektronischen Schaltung die Eingriffsbreite online ermitteln. Bild 4.14 zeigt das Blockschaltbild der Auswerteschaltung mit den zugehörigen Signalverläufen. Das Sensorsignal U_K (t) wird über einen einstellbaren Schwellwert mittels eines Schmidt-Triggers in eine Rechteckspannung umgewandelt und mit einem Taktsignal über eine logische UND-Funktion verknüpft. Ein Zählerbaustein erfaßt die Anzahl der zusammengehörigen Taktimpulse, die über einen D/A-Wandler als eine zur Eingriffsbreite proportionale Ausgangsspannung U_E (t) ausgegeben wird.

Da das Bezugsniveau des Kraftsignals aufgrund der drehzahlbedingten Vorspannung des Sensors nicht konstant ist, muß der Schwellwert des Schmitt-Triggers und das Rücksetzen des Zählerbausteins auf die jeweilige Drehzahl abgestimmt werden. Für einen industriellen Einsatz ist eine rechnergestützte Signalauswertung anzustreben. Um den Abtragsvorgang in Echtzeit beeinflussen zu können, muß die Auswertung eines Kraftverlaufs bei einer Drehzahl von 6400 min^{-1} innerhalb von 9 ms erfolgen.

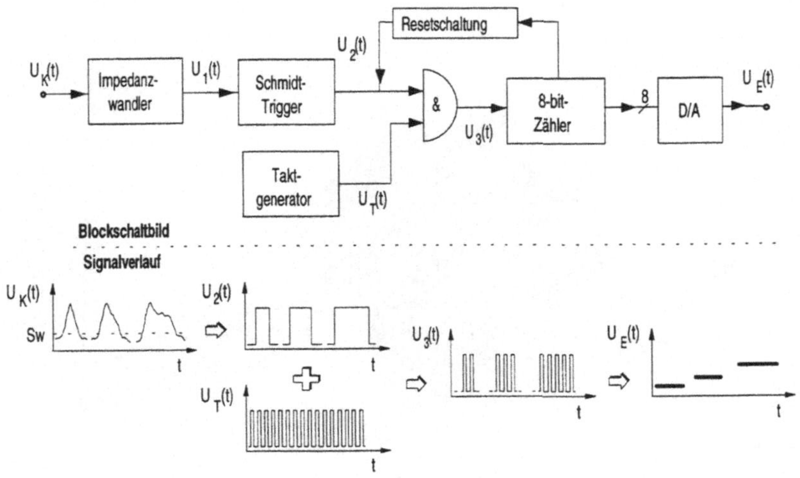

<u>Bild 4.14</u>: Blockschaltbild der Auswerteschaltung zur Eingriffsbreitenmessung

4.4.1.3 Abtragen lokaler Geometriestörungen mit Online-Eingriffsbreitenmessung

Die Online-Ermittlung der Eingriffsbreite wurde beim Abtragen eines 3 mm breiten Steges getestet. Die Signalverläufe für die Kontaktkraft und die Eingriffsbreite sind in <u>Bild 4.15</u> dargestellt. Mit Beginn des Werkzeugeingriffs nach ca. 3 s nimmt die Eingriffsbreite einen konstanten Wert an bis der Steg nach ca. 14 s nahezu abgeschliffen ist und das Werkzeug seitlich des Steges auf dem Grundmaterial in Eingriff kommt. Dann steigt die Eingriffsbreite zuerst sprungförmig und dann kontinuierlich an, bis der Steg vollständig abgetragen und das Werkzeug voll im Grundmaterial im Eingriff ist.

Die Signalverläufe zeigen, daß die Eingriffsbreitenermittlung aus dem Kontaktkraftverlauf für ein geregeltes Abtragen lokaler Geometriestörungen eingesetzt werden kann. Die erzielbare Auflösung hängt von der Durchbiegung und damit von der Elastizität des Schleiftellers ab. Bei dem hier eingesetzten Werkzeug liegt die Auflösungsgrenze im Bereich von mehreren Zehntel Millimetern. Für höhere Genauigkeiten sind steifere Werkzeuge erforderlich.

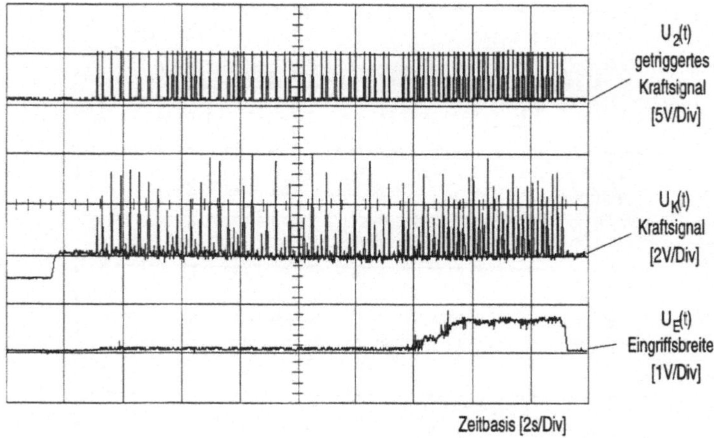

<u>Bild 4.15</u>: Online-Ermittlung der Eingriffsbreite beim Abtragen einer lokalen Geometriestörung

4.4.2 Schleifbearbeitung mit gesteuerter Formgebung

Bei der Schleifbearbeitung globaler und unstrukturierter Geometriestörungen geht es darum, einen definierten, flächigen Materialabtrag zu erreichen. Da dies aufgrund des begrenzten Abtragsvermögens und der Ausprägung des erforderlichen Abtragsquerschnitts in der Regel nicht mit einem Überschliff erfolgen kann, muß der gesamte Abtragsquerschnitt in eine geeignete Folge von Schleifbahnen unterteilt werden, die sich am Abtragsverhalten des elastischen Schleifwerkzeugs orientieren.

Für die Endbearbeitung von Mittel- und Großserien, wie beispielsweise das Einebnen von Fügezonen in der Karosserieaußenhaut, reicht die einmalige Ermittlung einer geeigneten Schleifbahnfolge aus, wenn der Fügevorgang mit ausreichender Wiederholgenauigkeit durchgeführt werden kann (vgl. Bild 4.9). Bei Einzelstücken und Kleinserien und bei größeren Toleranzen muß für jedes Werkstück eine angepaßte Schleifbahnfolge vorgegeben werden, was nur über einen automatisierten Ablauf unter Berücksichtigung des Abtragsverhaltens möglich ist. Die Vorgehensweise für die Ermittlung einer Schleifbahnfolge für die gesteuerte Konturgebung verdeutlicht <u>Bild 4.16</u>.

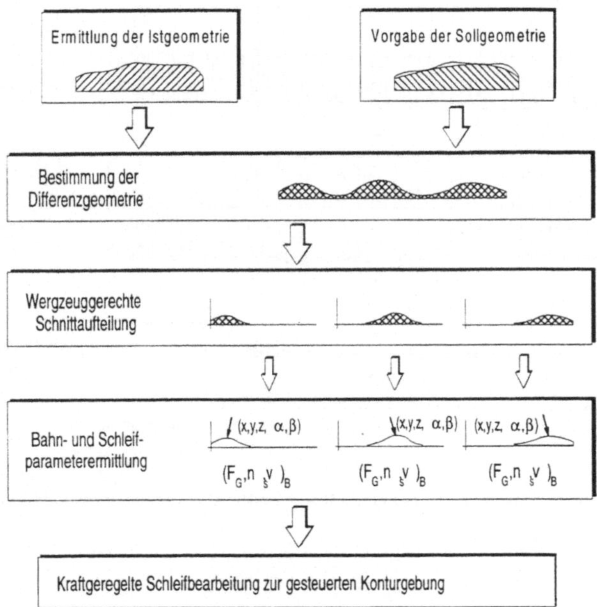

Bild 4.16: Gesteuerte Konturgebung über eine kraftgeregelte Schleifbearbeitung

4.4.2.1 Bestimmung der abzutragenden Differenzgeometrie

In einem ersten Schritt ist die abzutragende Querschnittsfläche zu bestimmen, die aus der Differenz von Ist- und Sollgeometrie gebildet wird. Die Istgeometrie kann entweder über die vorangegangene Bearbeitung aus einer Restmaterialbestimmung abgeleitet werden oder direkt mit geeigneten Meßverfahren ermittelt werden /57/. Die Sollgeometrie erhält man entweder aus den Konstruktionsvorgaben in Form von CAD-Daten oder aus der Istgeometrie über berechnete Ausgleichskurven /6,58/.

Die Vorgehensweise bei der Ermittlung der Sollgeometrie aus der Istgeometrie ist beispielhaft für das Abtragen einer lokalen Geometriestörung in Form einer Schweißnaht in Bild 4.17 gezeigt. Über Profilmessungen wird die Istgeometrie ermittelt. Für die einzelnen Profilschnitte wird iterativ ein Ausgleichspolynom dritter Ordnung berechnet und aus der Lage der Schweißnaht wird der Bahnstützpunkt samt Orientierung bestimmt.

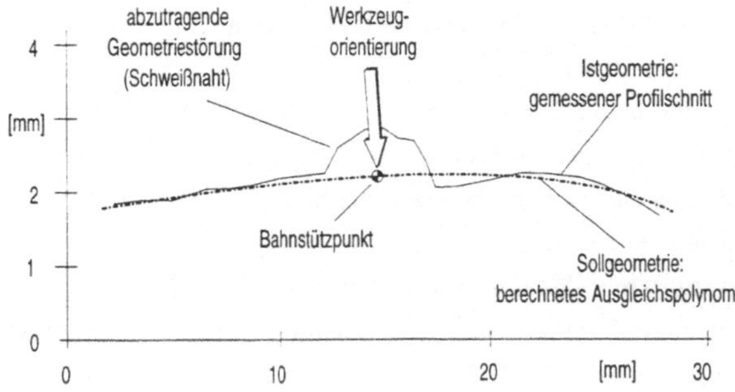

Bild 4.17: Einsatz von Ausgleichspolynomen zur Berechnung der Sollgeometrie aus der Istgeometrie am Beispiel einer Fügezone mit Schweißnaht

Das Abtragen dieser lokalen Geometriestörung nach berechneten Stützpunkten ist in Bild 4.18 zu sehen. Um die nötige Vorspannung für das elastische Schleifwerkzeug zu erhalten, wurden die Bahnstützpunkte entsprechend der jeweiligen Nahtquerschnittsfläche mit einem empirisch ermittelten Offset versehen. Auf diese Weise konnte die Schweißnaht gezielt abgetragen werden.

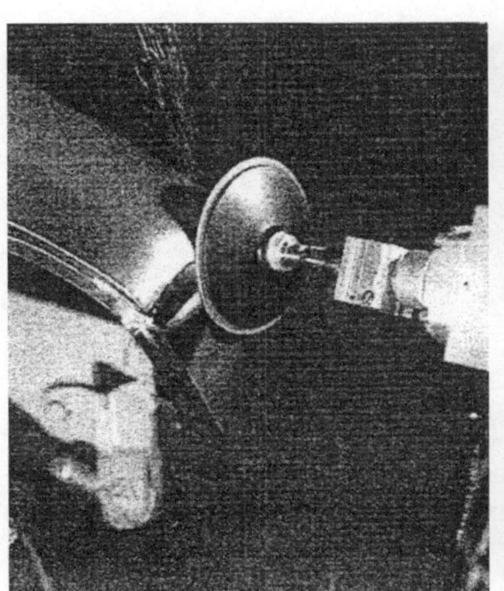
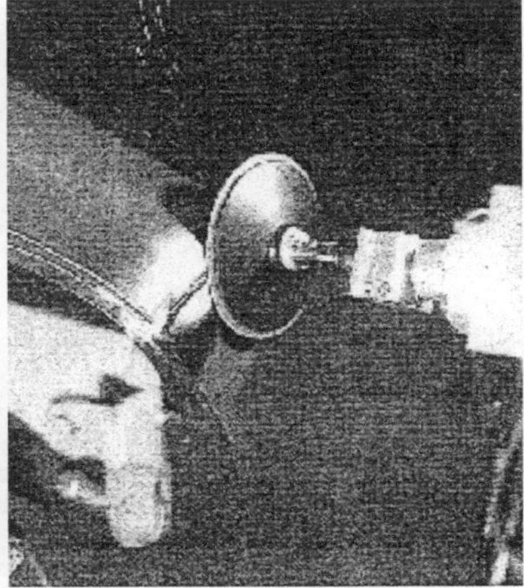

Bild 4.18: Abtragen einer lokalen Geometriestörung (Schweißnaht) entlang von Stützpunkten, die über Ausgleichspolynome berechnet wurden.
a) bei Beginn, b) am Ende des Bearbeitungsvorgangs

4.4.2.2 Schnittaufteilung für elastische Schleifwerkzeuge

Die Differenzgeometrie muß in eine Folge von Schleifbahnen unterteilt werden, wobei das Abtragsverhalten der Schleifwerkzeuge hinsichtlich der einstellbaren Eingriffsbreiten und Spandicken zu beachten ist. Die prinzipielle Vorgehensweise gestaltet sich so, daß zunächst eine schichtweise Aufteilung der Differenzgeometrie erfolgt, die auf die erreichbare Abtragstiefe pro Überschliff abgestimmt ist. Mit fortschreitender Abtragstiefe wird die Schichtdicke zurückgenommen, wodurch man eine Unterteilung in eine Vor- und eine Feinschliffphase erhält. Die Schichten werden anschließend in Abhängigkeit von den „einstellbaren" Eingriffsbreiten in einzelne Schleifbahnen unterteilt.

Am Beispiel einer weiträumig einzuebnenden Fügezone nach <u>Bild 4.19</u> wird diese Vorgehensweise verdeutlicht. Die Aufwölbung der Fügezone ist erforderlich, um genügend Aufmaß zum Ausgleich von Einbrandkerben seitlich der Lasernaht zu haben. Mit dem gesteuerten Materialabtrag läßt sich eine zufriedenstellende Form und Oberflächenqualität erzielen, wenn die Randbedingungen in der Nahtvorbereitung und beim Schweißen konstant gehalten werden können. Die Regelung der Anpreßkraft sorgt dann für konstante Bearbeitungsparameter und damit für einen reproduzierbaren Abtragsvorgang.

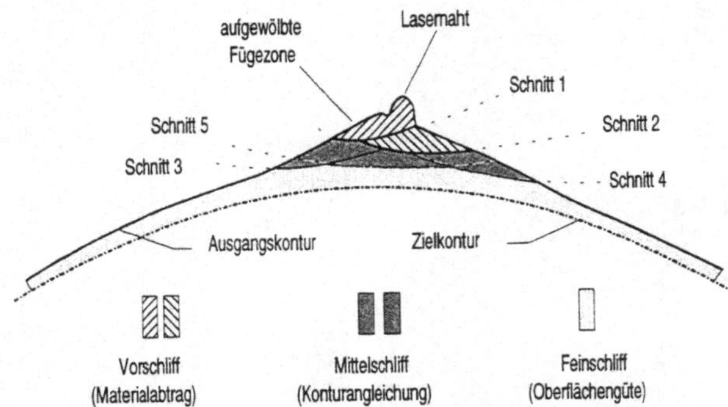

<u>Bild 4.19</u>: Prinzipielle Vorgehensweise bei der Schnittaufteilung am Beispiel einer
weiträumig einzuebnenden Fügezone

Der Bearbeitungsfortschritt beim Einebnen der in Bild 4.19 in mehrere Schnitte aufgeteilten, lasergeschweißten Fügezone ist in <u>Bild 4.20</u> zu sehen. Die zeitlich hintereinander aufgenommenen Profilschnitte sind zur besseren Darstellung jeweils mit einem Offset in Abstandsrichtung von einigen Zehntel Millimetern gezeichnet. Die Lasernaht konnte samt aufgewölbter Nahtumgebung mit fünf empirisch ermittelten Schleifbahnen reproduzierbar abgetragen werden /56/. Bei variierenden Abtragsquerschnitten ist eine auf das einzelne Werkstück abgestimmte Schleifbahnfolge unumgänglich. Dies ist nur mit einer automatisierten Generierung der Bearbeitungsparameter unter Berücksichtigung des elastischen Werkzeugverhaltens möglich.

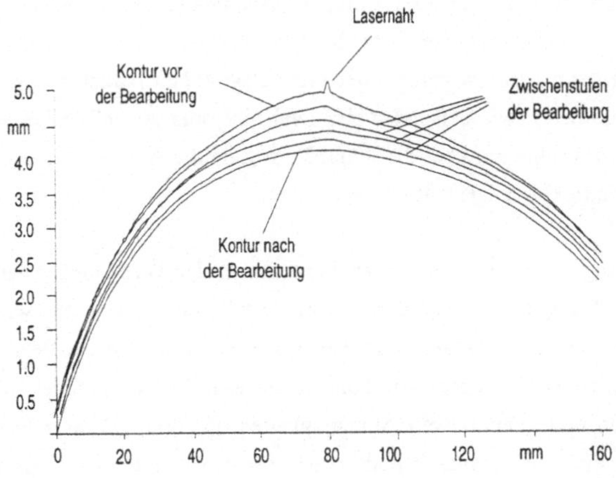

<u>Bild 4.20</u>: Bearbeitungsfortschritt beim Einebnen einer lasergeschweißten Fügezone

4.4.2.3 Ermittlung der Schleifbahnen und Bearbeitungsparameter

Nach der Aufteilung der Differenzgeometrie in werkzeuggerechte Abtragsquerschnitte müssen die Bearbeitungsparameter für die einzelnen Schleifbahnen ermittelt werden. Dazu gehört die Bestimmung

- der **Bahnstützpunkte** mit Position und Orientierung des Werkzeugs sowie

- der **Prozeßparameter** mit Anpreßkraft, Drehzahl und Vorschubgeschwindigkeit.

Bei Abtragen sehr schmaler Geometriestörungen können die Prozeßparameter, wie in Kap. 4.4.2.1 gezeigt, auf einfache Weise empirisch ermittelt werden. Die Eingriffsbreite des Werkzeugs ist unabhängig von den Prozeßparametern und wird nur durch die Breite der Geometriestörung bestimmt. Es muß lediglich über die die Vorspannung des elastischen Werkzeugs die erforderliche Anpreßkraft aufgebaut werden. Die Abtragstiefe ergibt sich dann aus dem Zusammenwirken der für diesen Spezialfall redundanten Prozeßparameter „Anpreßkraft", „Drehzahl" und „Vorschubgeschwindigkeit".

Bei einem flächigen Werkzeugeingriff wird die Eingriffsbreite und vor allem die Ausprägung des Abtragsquerschnitts elastischer Schleifwerkzeuge wesentlich von den Prozeßparametern mitbestimmt. Für eine einfache Handhabung wird ein parabelförmiger Abtragsquerschnitt angestrebt, der über die Eingriffsbreite und die Abtragstiefe beschrieben werden kann. Um die Anzahl der Freiheitsgrade zu reduzieren, sind untergeordnete Prozeßparameter, wie beispielsweise Drehzahl oder Anstellwinkel so zu fixieren, daß die Eingriffsbreite nur über die Anpreßkraft und die Abtragstiefe allein über die Vorschubgeschwindigkeit eingestellt werden können.

Die Zusammenhänge zwischen den Prozeßparametern, der Werkstückgestalt und dem resultierenden Abtragsquerschnitt sind bei elastischen Schleifwerkzeugen sehr komplex. Um die erforderlichen Bearbeitungsparameter für eine automatisierte Bearbeitung mit elastischen Werkzeugen berechnen zu können, ist ein Werkzeugmodell erforderlich, dasdie qualitativen und quantitativen Abhängigkeiten beschreibt. Dieses Werkzeugmodell muß sowohl ein Abtragsmodell beinhalten, das den quantitativen Zusammenhang beim Materialabtrag wiedergibt als auch ein Verformungsmodell, das den Einfluß der Werkzeugelastizität auf die Ausprägung des Abtragsquerschnitts beschreibt. Im folgenden ist deshalb ein **Abtrags- und Verformungsmodell** für die betrachteten elastischen Schleifwerkzeuge zu erarbeiten.

5 Modellierung des Abtragsverhaltens elastischer Schleifwerkzeuge

5.1 Einflußgrößen auf den Materialabtrag elastischer Schleifwerkzeuge

Im Gegensatz zu starren Schleifwerkzeugen, die ein definiertes Abtragsprofil in direkter Abhängigkeit von der Zustellung erzeugen, hängt das Bearbeitungsergebnis bei elastischen Schleifwerkzeugen von unterschiedlichen werkzeug- und werkstückseitigen Faktoren ab. Um elastische Werkzeuge gezielt für eine Formgebung einsetzen zu können, muß der Zusammenhang zwischen diesen variablen Eingangsgrößen und der resultierenden Abtragstiefe über eine Abtragsgleichung beschrieben werden. Eine Übersicht über die abtragsbestimmenden Einflüsse ist in <u>Bild 5.1</u> zu sehen.

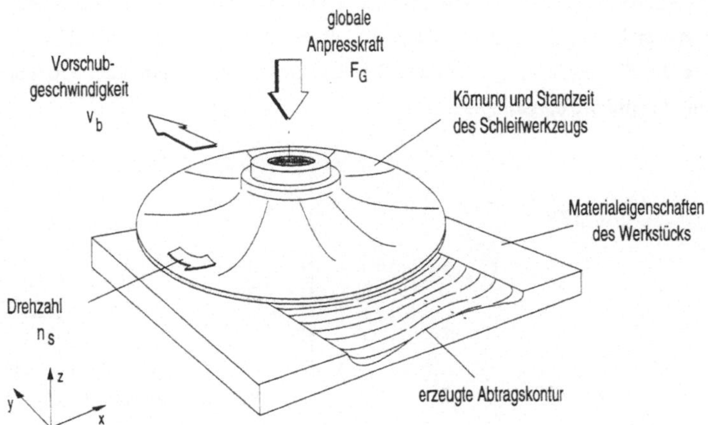

<u>Bild 5.1</u>: Abtragsbestimmende Parameter beim elastischen Schleifwerkzeug

Bei elastischen Schleifwerkzeugen wird der quantitative Materialabtrag in erster Linie durch die **Prozeßparameter** bestimmt. Dazu gehören die globale Anpreßkraft F_G und die die Schnittgeschwindigkeit v_s. Die lokale Schnittgeschwindigkeit ergibt sich aus der vektoriellen Addition des drehzahlabhängigen Tangentialgeschwindigkeit und der Vorschubgeschwindigkeit v_b. In Umkehrung zu den starren Werkzeugen, bei denen sich aufgrund einer vorgegebener Zustellung über einen exponentiellen Zusammenhang eine zugehörige Zerspankraft einstellt /59/, ergibt sich bei elastischen Schleifwerkzeugen aufgrund einer vorgegebenen Vorspannkraft eine definierte Eindringgeschwindigkeit. Aus dieser Eindringgeschwindigkeit resultiert in in Abhängigkeit von der Vorschubgeschwindigkeit eine Abtragstiefe.

Neben den Prozeßparametern haben die **Werkzeugparameter** einen gewichtigen Einfluß auf den Materialabtrag. Im Fall der elastischen Schleifwerkzeuge sind dies die Körnung und die Standzeit, also die aktuelle Schärfe der Schleifkörner. Als **Werkstückparameter** kommt noch der Abtragswiderstand aus der Werkstoffhärte des Werkstücks hinzu.

5.2 Schleifversuche zur Bestimmung der Abtragszusammenhänge

Zunächst sind die qualitativen Zusammenhänge zwischen diesen Einflußgrößen und dem erzielten Materialabtrag zu ermitteln. Dazu wird an einer schmalen, 5 mm breiten Werkstückprobe die Zerspanleistung ermittelt. Die Ergebnisse bei variierenden Prozeßparametern sind in Bild 5.2 dargestellt.

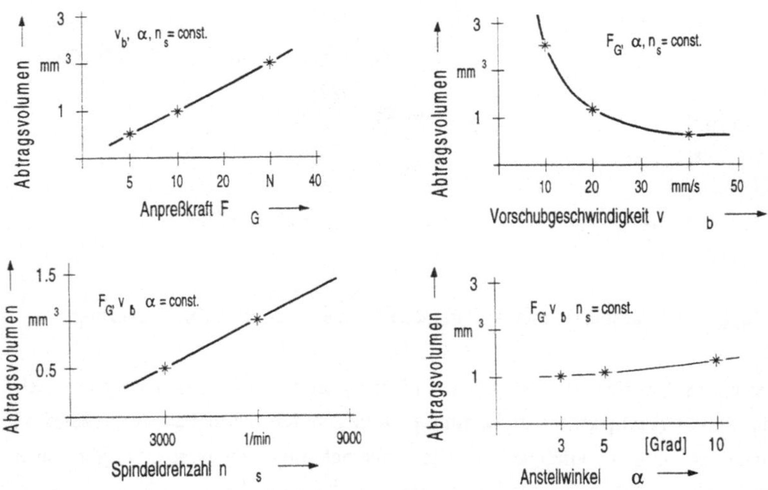

Bild 5.2: Abtragsversuche mit variierenden Prozeßparametern zur Ermittlung der prinzipiellen Abtragszusammenhänge

Die Drehzahl, und damit die Schnittgeschwindigkeit steht in linearem Zusammenhang mit der Zerspanleistung. Gleichermaßen geht die globale Anpreßkraft linear und die Vorschubgeschwindigkeit reziprok in die Zerspanleistung ein. Demgegenüber hat der Anstellwinkel nur einen geringen Einfluß auf das Abtragsvolumen. Aus diesen Vorversuchen läßt sich für die Zerspanleistung V_S folgender qualitative Zusammenhang ableiten:

$$V_S \approx n_s \cdot F_G \cdot \frac{1}{v_b} \qquad (5.1)$$

5.3 Quantitative Beschreibung des Materialabtrags

5.3.1 Abtragsgleichung für ein finites Schleifelement

Die Werkstückabmessungen in den Vorversuchen waren so gewählt, daß für die Anpreßkraft und die Schnittgeschwindigkeit annähernd konstante Bedingungen über der gesamten Eingriffsfläche herrschten. Für die Ermittlung des lokalen Abtrags bei flächigem Eingriff muß von der globalen Betrachtung auf ein finites Schleifelement mit konstanten Bedingungen übergegangen werden. Hierfür zeigt Bild 5.3 die Abtragszusammenhänge am diskreten Schleifelement ohne und mit Vorschubbewegung.

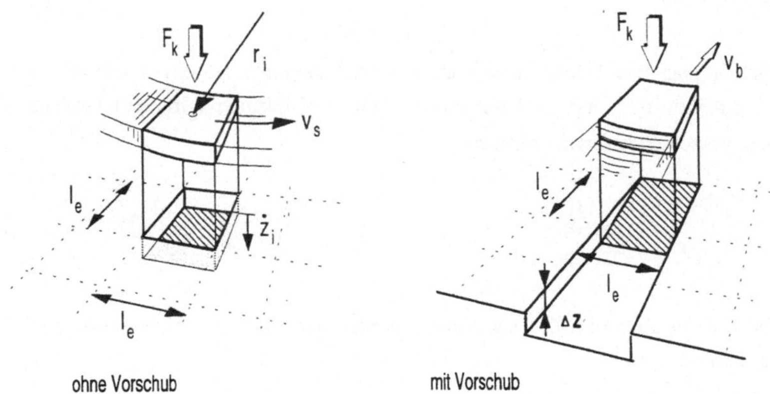

Bild 5.3: Abtragszusammenhänge am Einzelschleifelement ohne und mit Vorschub

Die Zerspanleistung ergibt sich aus der auf die Elementfläche bezogenen Abtragstiefe pro Zeiteinheit zu

$$V_S = \frac{\Delta z_i \cdot l_e^2}{\Delta t} \quad \Rightarrow \quad V_S = \dot{z}_i \cdot l_e^2 \tag{5.2}$$

Ersetzt man in Gl. (5.1) die globale Drehzahl n_s durch die lokal wirkende Schnittgeschwindigkeit v_s, sowie die globale Anpreßkraft F_G durch die lokale Kontaktkraft F_k, so erhält man die Eindringgeschwindigkeit des Einzelschleifelements ohne Vorschub:

$$\dot{z}_i \approx v_s \cdot \frac{F_k}{l_e^2} \tag{5.3}$$

Die Vorspannung durch den elastischen Gummiteller bewirkt, daß sich das Schleifelement in Abhängigkeit von der Flächenpressung und der Schnittgeschwindigkeit mit konstanter Geschwindigkeit in das Werkstück einarbeitet. Eine quantitative Zuordnung erhält man, in Analogie zur spezifischen Schnittkraft, über die spezifische Abtragskonstante K_A mit der Einheit [mm^2/N]. Über diese zeitinvariante Konstante wird der Abtragswiderstand des Werkstoffs und das Abtragsvermögen des Schleifwerkzeugs berücksichtigt. Der Werkzeugverschleiß geht über einen standzeitabhängigen Faktor k_t in die Abtragsgleichung ein. Dieser Standzeitfaktor, der bei einem neuen Schleifblatt den Wert „Eins" hat und beim verschlissenen Werkzeug gegen null geht, muß experimentell ermittelt werden.

Betrachtet man das Schleifelement unter Vorschubeinfluß, so erhält man die resultierende Abtragstiefe aus der Integration von Gl. (5.3) über der Wirkzeit t_e, welche sich aus der Vorschubgeschwindigkeit zu

$$t_e = \frac{l_e}{v_b} \tag{5.4}$$

ergibt. Die Gleichung für die von einem diskreten Schleifelement erzielten Abtragstiefe lautet dann:

$$z_i = K_A \cdot k_t \cdot \frac{v_s}{v_b} \cdot \frac{F_k}{l_e} \tag{5.5}$$

Vergleicht man diese Abtragsgleichung mit den vorgestellten Modellierungsansätzen in Kap. 2.2, so zeigt sich, daß hier sowohl die Schnittgeschwindigkeit, also die Anzahl der Schleifkörner, die eine Stelle pro Zeiteinheit überstreichen, als auch die Verteilung der Anpreßkraft innerhalb der Kontaktzone bei der Abtragsberechnung berücksichtigt werden. Damit wird mit dem vorgestellten Modellierungsansatz dem speziellen Abtragsverhalten elastischer Schleifwerkzeuge vollständig Rechnung getragen.

5.3.2 Ermittlung der spezifischen Abtragskonstanten

Die spezifische Abtragskonstante K_A, die den Abtragswiderstand des Werkstoffs und das Abtragsvermögen des Schleifwerkzeugs berücksichtigt, wurde über Abtragsversuche für unterschiedliche Körnungen exemplarisch an blankem, warmgewalztem Flachstahl ermittelt. Für die konstanten Prozeßparameter ($F_G = 10$ N, $n_s = 8500$ 1/min, $v_b = 10$ mm/s und $v_s = 55$ m/s) wurde für jeweils neue Schleifblätter ($k_t = 1$) unterschiedlicher Körnung der erzielte Abtragsquerschnitt A_Q ausgemessen und die spezifische Abtragskonstante K_A nach folgender Gleichung berechnet:

$$K_A = \frac{v_b}{v_s} \cdot \frac{A_Q}{F_G} \tag{5.6}$$

Eine vergleichende Bestimmung der spezifischen Abtragskonstanten ist über die berechnete lokale Kontaktkraft F_{kmax} im Abtragsmaximum und die zugehörige ausgemessene Abtragstiefe z_{imax} nach der Gleichung:

$$K_A = \frac{v_b}{v_s} \cdot \frac{z_{imax} \cdot l_e}{F_{kmax}} \tag{5.7}$$

möglich und bestätigt die Werte für die aus den globalen Zusammenhängen ermittelten spezifischen Abtragskonstanten. Wie sich noch zeigen wird, ergibt sich die berechnete Kontaktkraft im Abtragsmaximum zu $F_{kmax} = 0.528$ N. Die zugehörigen Abtragsmaxima z_{imax} sind von der jeweiligen Körnung abhängig.

Die experimentell und theoretisch ermittelten spezifischen Abtragskonstanten sind für unterschiedliche Körnungen des Schleifblatts in <u>Tabelle 5.1</u> zusammengestellt.

	Körnung P50	Körnung P80	Körnung P100
Abtragsquerschnitt A_Q [mm^2]	1,373	1,057	0,983
maximale Abtragstiefe z_{imax} [mm]	0,061	0,043	0,026
experimentell K_A [mm^2/N]	$3,15*10^{-5}$	$1,92*10^{-5}$	$1,78*10^{-5}$
theoretisch K_A [mm^2/N]	$3,14*10^{-5}$	$2,22*10^{-5}$	$1,34*10^{-5}$

Tabelle 5.1:   Experimentell und theoretisch bestimmte spezifische Abtragskonstanten für unterschiedliche Körnungen des Schleifblatts

5.3.3   Ermittlung des Standzeitfaktors

Jedes spanende Abtragen von Material bewirkt einen Verschleiß der eingesetzten Schneiden. Als Konsequenz davon ergeben sich neben einer reduzierten Abtragsleistung auch Änderungen bezüglich des Abtragsprofils. Der Werkzeugverschleiß wird in der Abtragsgleichung über den standzeitabhängigen Faktor k_t berücksichtigt. Das betrachtete Schleifwerkzeug, das aus einem elastischen Werkzeugträger und einem auswechselbarem Schleifblatt besteht, hat zwar eine verschleißunabhängige Form, jedoch ist die Schärfeabnahme nicht vernachlässigbar und muß bei einer automatisierten Bearbeitung kompensiert werden. Es gibt mehrere Möglichkeiten den aktuellen Werkzeugverschleiß zu ermitteln:

- intermittierende Bestimmung des Verschleißes über Kontrollschliffe mit definierter Probenbreite und bekannten Prozeßparametern durch Ausmessen der Abtragsleistung,

- kontinuierliche Bestimmung des Verschleißes aus dem Verhältnis von Anpreßkraft zu Tangentialkraft,

- indirekte Bestimmung des Verschleißes aus abgelegten Verschleißkurven über das Zeitspanvolumen.

Die in Bild 5.4 gezeigten beispielhaften Verschleißkurven für unterschiedliche Körnungen wurden über Kontrollschliffe an einer schmalen Werkstückprobe ermittelt. Die erzielte Abtragstiefe pro Überschliff ist über dem Zerspanweg aufgetragen

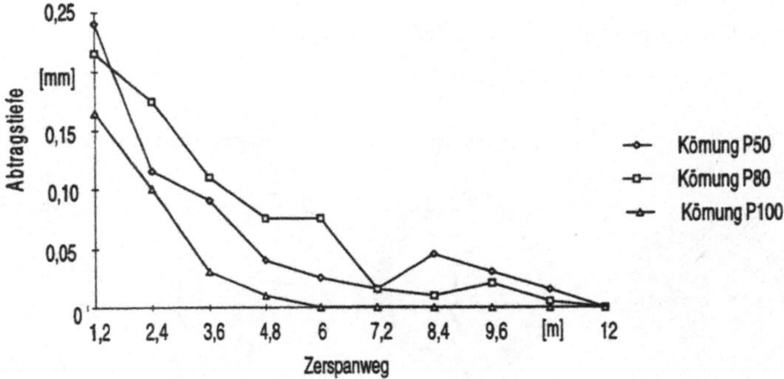

Bild 5.4:   Verschleißkurve des Schleifblattes bei unterschiedlichen Körnungen

In der manuellen Bearbeitungspraxis wird bei kritischen Aufgabenstellungen jeweils ein neues Schleifblatt aufgezogen, um eine definierte Abtragsleistung zu gewährleisten. Teilweise wird auch die hohe Anfangsschärfe gebrochen, um über einen längeren Zeitraum eine gleichbleibende Abtragsleistung zu erhalten.

Bei einer automatisierte Bearbeitung muß eine Verschleißkompensation über eine Nachführung des Standzeitfaktors k_t erfolgen. Um einen gleichbleibenden Materialabtrag zu erzielen, kann entweder

- die Anpreßkraft erhöht oder

- die Vorschubgeschwindigkeit reduziert

werden. Da die Erhöhung der Anpreßkraft die Eingriffsverhältnisse beeinflußt und damit die Ausprägung der Kontaktzone und des Abtragsquerschnitts verändert, ist einer Verschleißkompensation über eine reduzierte Vorschubgeschwindigkeit gegenüber einer erhöhten Anpreßkraft der Vorzug zu geben.

5.4   Berechnung des Abtragsprofils

Das gesuchte Abtragsprofil über den gesamten Eingriffsbereich erhält man durch Addition aller Einzelabträge in Vorschubrichtung. Dabei hat die Gestalt der Kontaktfläche und die Ausrichtung der Kontaktfläche zur Vorschubrichtung einen entscheidenden Einfluß auf den resultierenden Abtragsquerschnitt. In <u>Bild 5.5</u> sind für unterschiedliche Ausprägungsformen der Kontaktfläche die Abtragsprofile gegenübergestellt. Zur Vereinfachung wurde zunächst eine gleichmäßige Flächenpressung angenommen und der Einfluß der Schnittgeschwindigkeit nicht berücksichtigt.

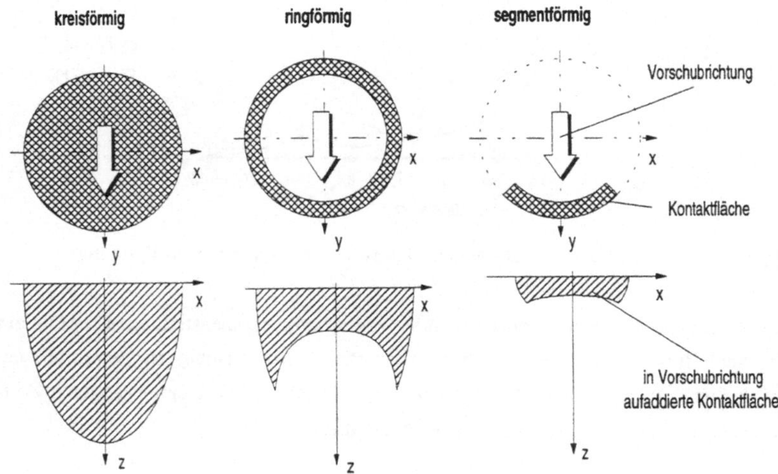

<u>Bild 5.5</u>: Resultierende Abtragsquerschnitte für unterschiedlich ausgeprägte Kontaktflächen bei gleichmäßiger Flächenpressung

Die Berechnung des Abtragsprofils erfolgt entsprechend dem Flußdiagramm in <u>Bild 5.6</u>. Die Eingangsgrößen für die Berechnung sind:

- die Prozeßparameter: Drehzahl und Vorschubgeschwindigkeit,

- die Werkzeugparameter: Abmessungen, Diskretisierung und Standzeit

- die Werkstückparameter: spezifische Abtragskonstante,

- die Kontaksituation: Eingriffsfläche und Kontaktkraftverteilung.

Zunächst wird für jedes diskrete Schleifelement aus den geometrischen Größen, der Drehzahl und der Vorschubgeschwindigkeit die lokal wirkende Schnittgeschwindigkeit berechnet. Aus der Abtragsgleichung nach Gl. (5.5) erhält man unter Berücksichtigung der lokal wirkenden Kontaktkraft und des Standzeitfaktors die Abtragstiefe für das betrachtete Schleifelement. In Abhängigkeit von dem Richtungswinkel β, der die Orientierung des Schleiftellers relativ zur Vorschubrichtung beschreibt, erhält man durch Addition der Einzelabträge in Vorschubrichtung das gesamte Abtragsprofil für einen Überschliff.

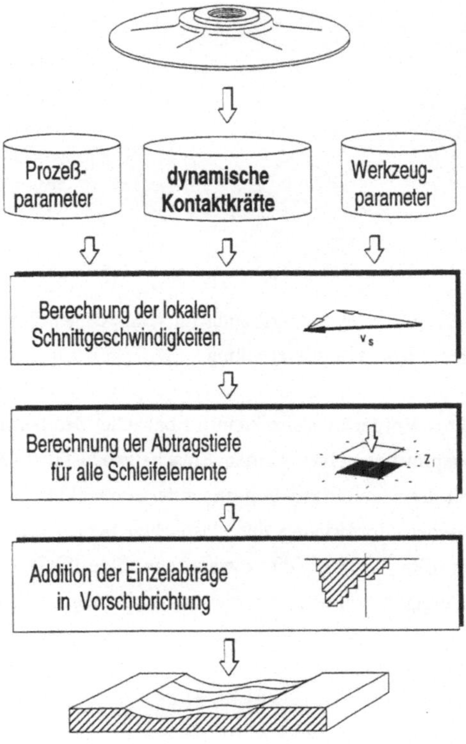

<u>Bild 5.6</u>: Berechnungsablauf für die Bestimmung des Abtragsquerschnitts

Für einen vollflächigen, kreisförmigen Werkzeugeingriff (Anstellwinkel $\alpha=0$) mit einer homogenen Verteilung der Anpreßkraft ergibt sich ein Abtragsprofil nach <u>Bild 5.7</u>. Die unsymmetrische Ausprägung resultiert aus der ortsabhängigen Schnittgeschwindigkeit, die sich aus der vektoriellen Addition der Tangentialgeschwindigkeit und der Vorschubgeschwindigkeit ergibt. Im Bereich des Gleichlaufs kommt es zu einer höheren und auf der Gegenlaufseite zu einer reduzierten Schnittgeschwindigkeit. Bei einem um den Winkel $\alpha>0$ angestellten Schleifteller und damit einem segmentförmigen Eingriffsbereich hat der Richtungswinkel β entscheidenden Einfluß auf das Abtragsprofil.

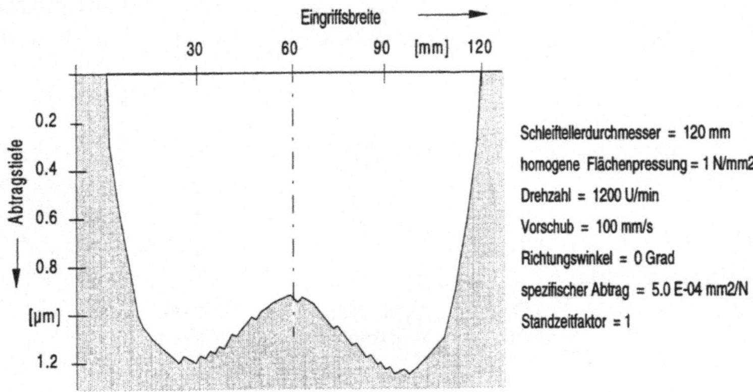

<u>Bild 5.7</u>: Simulativ ermittelte Abtragskontur für vollflächigen Werkzeugeingriff mit homogener Kontaktkraftverteilung

Mit der vorgestellten Vorgehensweise kann für bekannte Bearbeitungsparameter das resultierende Abtragsprofil berechnet werden. Entscheidend ist die Kenntnis der jeweiligen Eingriffsfläche mit der zugehörigen Verteilung der Anpreßkräfte, die wiederum von der aktuellen dynamischen Verformung des elastischen Schleifwerkzeugs abhängig sind. Damit stellt sich die Aufgabe, die dynamische Eingriffsfläche und Kontaktkraftverteilung in Abhängigkeit von den Bearbeitungsparametern und der Werkstücktopologie zu ermitteln.

6 Modellierung des Verformungsverhaltens elastischer Schleifwerkzeuge

6.1 Experimentelle Bestimmung der Kontaktkraftverteilung

Die Eingriffsfläche und die zugehörige Kontaktkraftverteilung kann entweder werkzeug-
seitig oder werkstückseitig gemessen werden. Die einfachste Möglichkeit zur Messung
einer Kontaktkraftverteilung besteht in der Verwendung einer Kraftmeßfolie /60/. Diese
ist so aufgebaut, daß in eine Trägerschicht eingebettete, mit Farbe gefüllte Mikrokapseln
bei unterschiedlichen Druckbelastungen aufplatzen und somit die Kontaktzone und über
die Intensität auch die Größe der Kontaktkraft wiedergeben. Bild 6.1 zeigt den Abdruck
des mit $\alpha = 5$ Grad angestellten Schleiftellers mit appliziertem Schleifblatt.

Bild 6.1: Experimentell ermittelte Kontaktkraftverteilung mittels Kraftmeßfolie

Die Kraftmeßfolien mit der höchsten Empfindlichkeit besitzen einen nutzbaren Meßbe-
reich von 0,1 bis 0,6 N/mm^2 bei einer Auflösung von ca. 0,02 N/mm^2. Da die durch-
schnittliche Flächenpressung in der Kontaktzone bei einer globalen Anpreßkraft von
10 N nur 0,05 N/mm^2 beträgt, ist eine quantitative Bestimmung der Druckverteilung damit nur sehr grob möglich. Zusätzlich wird die quantitative Bestimmung der Kontaktkraftverteilung durch die punktuelle Verstärkung der Kontaktkraft aufgrund der stochas-
tischen Verteilung der Schleifkörner erheblich beeinträchtigt.

Die werkstückbezogenen Meßverfahren können nur die aus den statischen Einflußgrößen
resultierende Verformung erfassen. Eine Messung der dynamischen Kontaktkraftverteilung bei rotierendem Schleifwerkzeug ist beispielsweise mit dem in Kap. 4.2.3.2 beschriebenen, im Schleifwerkzeug integrierten Miniaturkraftsensor /61/ möglich. Damit
kann im Betrieb die Kontaktkraft auf dem Flugkreis des Sensors erfaßt werden. Bild 6.2.
gibt den Kontaktkraftverlauf über zwei Umdrehungen des Schleiftellers am ebenen

Werkstück bei einer globalen Anpreßkraft von 5 N und einer Drehzahl von 2070 min^{-1} wieder. Durch die integrierende Wirkung des Schleifblattes auf die Kraftmessung wird jedoch die erreichbare örtliche Auflösung erheblich begrenzt.

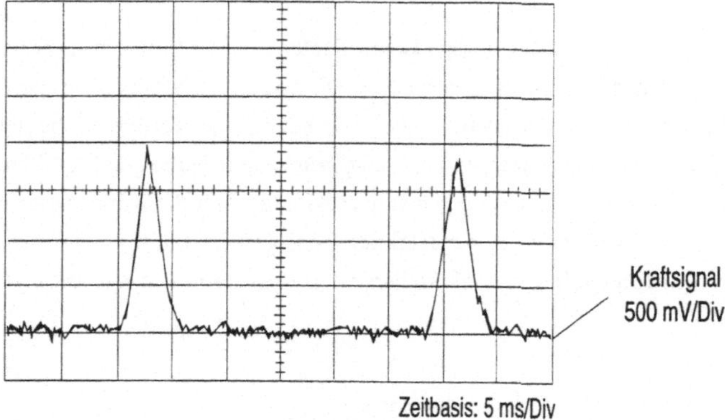

Bild 6.2: Über integrierten Miniaturkraftsensor ermittelter Kontaktkraftverlauf

Da es mit vertretbarem Aufwand nicht möglich ist, die Eingriffszone und die dynamische Kontaktkraftverteilung meßtechnisch zu ermitteln, wird einer theoretischen Bestimmung der Kontaktkraftverteilung der Vorzug gegeben. Dazu muß der Verformungsvorgang des elastischen Schleifwerkzeugs über eine Modellierung der verformungsbestimmenden Effekte beschrieben wird.

6.2 Einflußgrößen auf die Verformung des elastischen Schleiftellers

Die bestimmende Größe für die Ausprägung des erzeugten Abtragsquerschnitts ist im dynamischen Verformungsverhalten des elastischen Schleifwerkzeugs zu sehen. Das Verformungsverhalten entscheidet über die Größe und Form der Kontaktzone, die sich zwischen Werkzeug und Werkstück einstellt, und auch über die Verteilung der globalen Anpreßkraft innerhalb dieser Kontaktzone. Die Einflußgrößen auf das Verformungsverhalten sind in Bild 6.3 dargestellt.

Die geometrischen Abmessungen und die Werkstoffeigenschaften von Werkzeug und Werkstück stellen statische Einflußgrößen auf das Verformungsverhalten dar. Hierzu gehören die äußeren Abmessungen, der innere Aufbau und die Materialeigenschaften

(E-Modul) des Schleiftellers sowie die jeweilige Topologie des Werkstücks im Kontaktbereich des Werkzeugs. Im Zusammenwirken mit den Bearbeitungsparametern, nämlich der über die Kraftregelung konstant gehaltenen Anpreßkraft und dem vorgegebenen Anstellwinkel, bestimmen sie die statische Verformung des Schleiftellers. Diese erzeugt eine zur gewählten Vorschubrichtung symmetrische Kontaktzone und Kontaktkraftverteilung.

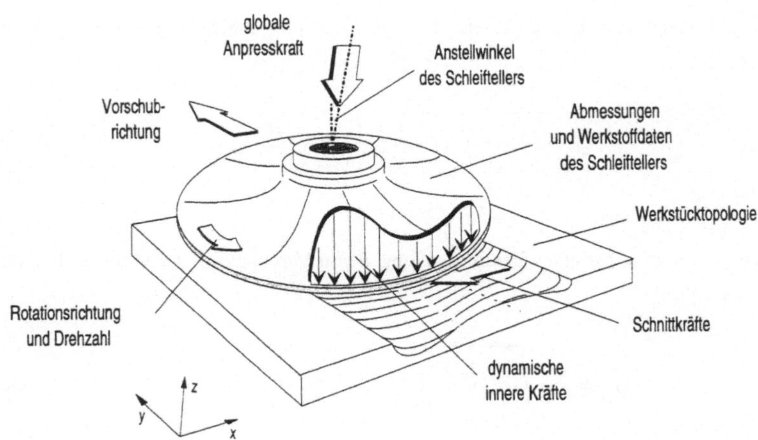

Bild 6.3: Einflußgrößen auf die Verformung des elastischen Schleiftellers

Die dynamischen Einflußgrößen sind auf drehzahlabhängige Kräfte im rotierenden Schleifteller zurückzuführen. Hier sind zunächst die Zentrifugalkräfte zu nennen, die zu einer rotationssymmetrischen Verformung und Vorspannung des Schleiftellers führen. Weiterhin beeinflussen die tangential in der Schleifblattebene angreifenden Schnittkräfte die Schleiftellerverformung. Den bedeutendsten Einfluß auf die dynamische Verformung und Verteilung der Anpreßkraft innerhalb der Kontaktzone haben jedoch die inneren Trägheitskräfte, die aus der axialen Beschleunigung der Massenelemente in der verformten Kontaktzone resultieren.

6.3 Dynamisches FEM-Modell des elastischen Schleiftellers

6.3.1 Prinzip der FEM-Kontaktanalyse

Für einfache geometrische Körper sind Kontaktprobleme analytisch beschreibbar. Mit den Hertzschen Formeln /62/ kann der Kontaktbereich und die Flächenpressung für Regelgeometrien berechnet werden. Wird eine Kugel mit dem Kugelradius „r" mit einer Kraft „F" gegen eine Ebene gepreßt, so ergibt sich eine kreisförmige Druckfläche mit dem Radius

$$a = \sqrt[3]{\frac{1.5 \cdot \left(1 - v^2\right)^2 \cdot F \cdot r}{E}} \tag{6.1}$$

und einer halbkugelförmigen Druckspannung, deren Maximum in der Mitte der Kontaktfläche den Wert

$$\sigma_0 = -\frac{1}{\pi} \sqrt[3]{\frac{1.5 \cdot F \cdot E^2}{r^2 \left(1 - v^2\right)^2}} \tag{6.2}$$

annimmt. Analog hierzu sind die Verhältnisse bei der Berührung beliebig gewölbter Flächen analytisch beschreibbar. Komplexe Kontaktprobleme lassen sich jedoch mit analytischen Methoden nicht mehr lösen. Hier bietet sich mit der Finite-Elemente-Methode (FEM) ein leistungsfähiges numerisches Berechnungsverfahren an /63/.

Kommerzielle FEM-Softwarepakete unterstützen die Auslegung und Optimierung des strukturmechanischen Verhaltens komplexer Bauteile, wie die Berechnung von Werkstoffspannungen oder statischen Verformungen, die Berechnung von Eigenfrequenzen oder die Beschreibung des thermischen Verhaltens. Der Ansatz der FE-Methode beruht auf einer Unterteilung einer komplexen mechanischen Struktur in eine Vielzahl untereinander gekoppelter Einzelelemente endlicher Größe, deren Verformungsverhalten bekannt ist.

Die diskretisierte komplexe Struktur wird mittels eines linearen Gleichungssystems beschrieben, welches im einfachsten Fall einer statischen Berechnung die äußeren Kräfte

- 89 -

(Lastmatrix $\overline{R}$) mit den resultierenden Verformungen (Verschiebungsvektor $\bar{r}$) über die Struktursteifigkeit (Steifigkeitsmatrix $\overline{K}$) in Zusammenhang bringt:

$$\overline{K} \cdot \bar{r} = \overline{R} \qquad (6.3)$$

Nach der numerischen Lösung dieses Gleichungssystems können die Werkstoffspannungen aus der elastischen Verformung der Elemente berechnet werden. Die erreichbare Genauigkeit ist neben der Wahl des geeigneten Elementtyps und der gewählten Diskretisierungsstufe (Netzfeinheit) von der korrekten Definition der Lagerbedingungen und der angreifenden Kräfte abhängig. Es wird ein lineares Werkstoffverhalten mit kleinen Verformungen und konstanten Randbedingungen, d.h. mit einer definierten Lagerung und konstanten äußeren Kräften vorausgesetzt.

Eine Berechnung der Wechselwirkung zwischen zwei Körpern, deren Kontaktfläche aufgrund nichtlinearer Randbedingungen variieren kann, ist mit einer FEM-Kontaktanalyse möglich /64/. Die Kontaktanalyse stellt eine iterative Erweiterung der statischen Verformungsrechnung dar. Damit können die wechselnden Randbedingungen während eines Belastungsvorgangs, wie es beispielhaft in <u>Bild 6.4</u> dargestellt ist, bei der Verformungsberechnung berücksichtigt werden.

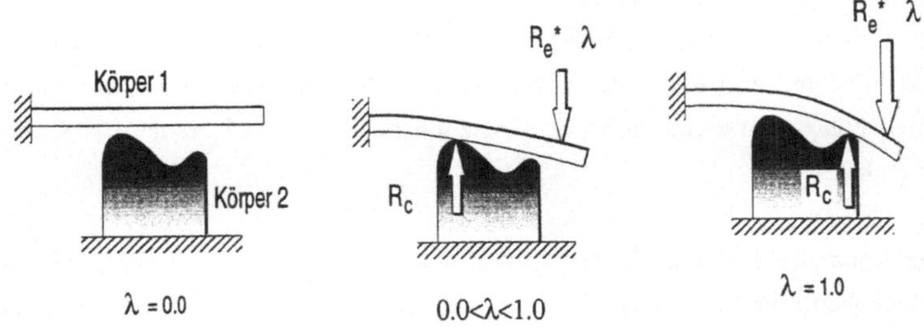

<u>Bild 6.4</u>: Wechselnde Randbedingungen bei Kontaktproblemen

Die Kontaktpartner werden als unabhängige Teilnetze modelliert und über ein Hauptnetz gekoppelt, welches die Knotenpunkte innerhalb einer maximal zu erwartenden Kontaktfläche enthält. Die angreifende äußere Last wird stufenweise über den Lastfaktor λ ($0 < \lambda < 1$) erhöht und die Knotenpunkte innerhalb einer vordefinierten Kontaktzone werden ständig auf Kontakt oder Nichtkontakt überwacht. Verändert sich die Kontaktsituation, dann wird die Steifigkeitsmatrix für den nächsten Iterationsschritt angepaßt.

Das Gleichungssystem für die Kontaktproblematik:

$$\overline{K} \cdot \overline{r} \cdot (\lambda) = \lambda \cdot \overline{R}_e + \overline{R}_k + \overline{R}_c(\lambda) \tag{6.4}$$

beschreibt die Verformung in Abhängigkeit von der aktuellen Laststufe. Die wirkenden Kräfte werden unterteilt nach konstanten Kräften $\overline{R}_k$ aus vorgeschriebenen Verschiebungen oder Spannungen, nach externen mit dem Lastfaktor λ gewichteten Kräften $\overline{R}_e$ und nach den Kontaktkräften $\overline{R}_c$, die während des Kontaktvorgangs variieren können. Die verfügbaren Berechnungsprogramme zur Kontaktanalyse sind auf die Behandlung statischer Probleme beschränkt. Die Rotation eines der Kontaktpartner und die daraus resultierenden Folgen auf den Kontaktvorgang können damit nicht berücksichtigt werden. Dies ist nur über ein direktes Eingreifen in den Berechnungsablauf möglich.

6.3.2 Vorgehensweise bei der Modellierung von Kontaktproblemen

Die Modellierung von Kontaktproblemen baut auf der konventionellen Modellierung mechanischer Strukturen auf, die abhängig von deren Komplexität und Größe in mehrere Teilstrukturen (Teilnetze) untergliedert werden können. Ein Hauptnetz stellt die Verbindung zwischen den einzelnen Teilnetzen her. Wenn die Anzahl der Kontaktfreiheitsgrade klein ist im Vergleich zu den Unbekannten des Gesamtsystems, dann empfiehlt es sich, die Kontaktanalyse mit einem Hauptnetz durchzuführen, welches nur die Kontaktknoten enthält.

Für den konkreten Fall der Kontaktpaarung eines elastischen Schleiftellers mit einer Werkstückoberfläche bildet das Werkzeug, also der Gummiteller mit Klettverbindung und Schleifblatt ein Teilnetz und das Werkstück ein weiteres Teilnetz. Bei beiden Teilnetzen sind diejenigen Knotenpunkte als EXTERNALS zu deklarieren, für die ein Kontakt unter äußerer Belastung infrage kommen kann. Bei der Modellierung der Teilnetze ist darauf zu achten, daß sich die Knoten eines Kontaktpaares möglichst direkt gegenüberliegen. Das Hauptnetz wird aus diesen vordefinierten Knotenpaaren gebildet. Die Anstellung des Werkzeugs läßt sich auf einfache Weise durch eine Drehung des Werkstückkoordinatensystems realisieren.

Da bei der statischen FEM-Rechnung die modellierten Strukturen auch statisch bestimmt gelagert sein müssen, wird das Schleifwerkzeug über eine virtuelle Aufhängung der Werkzeugaufnahme fixiert und die Freiheitsgrade in Zustellrichtung werden freigegeben. Dabei ist darauf zu achten, daß der Einfluß dieser in der Realität nicht vorhandenen Aufhängung im Vergleich zur Struktursteifigkeit des Schleiftellers vernachlässigbar klein bleibt. Die globale Anpreßkraft wird parallel zu dieser Aufhängung über die Werkzeugaufnahme eingeleitet.

6.3.3 Modellierung des elastischen Schleiftellers

Entscheidend für die Güte einer FEM-Analyse ist die Qualität der Modellerstellung. Hier wirken sich

- der gewählte Abstraktionsgrad,

- die Netzfeinheit,

- der gewählte Elementtyp,

- die korrekte Vorgabe der Werkstoffdaten und

- die realistische Wahl der Randbedingungen

unmittelbar auf den Grad der Übereinstimmung der Rechnung mit der Realität aus. Besondere Beachtung findet deshalb die Modellierung des Schleiftellers, der aus mehreren Komponenten aufgebaut ist, die aus unterschiedlichen Werkstoffen bestehen und teilweise nichtlinear miteinander gekoppelt sind. Der Querschnitt durch das Schleifwerkzeug in <u>Bild 6.5</u> verdeutlicht den Aufbau des elastischen Schleiftellers.

Die Werkzeugaufnahme aus Aluminium überträgt das Drehmoment des Schleifantriebs und die Anpreßkraft aus der kraftgeregelten Bahnführung des Roboters auf den Schleifteller. Dessen Grundkörper besteht aus einer Gummimischung, deren Hauptbestandteile Buna 1843, ein Polymerkunststoff, Rußzusatz und Buna 1509 sind. Der Klettbelag aus Duroplast, der mit der Unterseite des Gummikörpers verklebt ist, stellt die Verbindung zum Schleifblatt her. Das Trägermaterial des Schleifblattes besteht aus Leinen, welches mit einer Kunstharzschicht zur Bindung der Schleifkörner versehen ist. Die Rückseite des Schleifblatts ist mit Velours überzogen. Diese ermöglicht eine stabile Verbindung mit dem Klettbelag und hält auch hohen Drehzahlen und Schleifkräften stand.

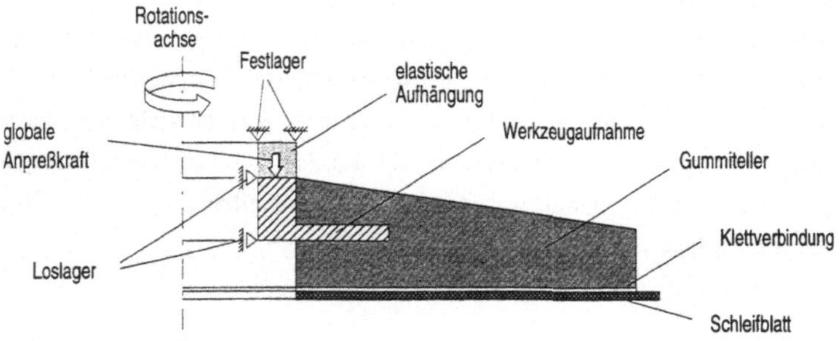

<u>Bild 6.5</u>: Aufbau, Lagerung und Krafteinleitung am elastischen Schleifteller

Bei der Modellierung der Verbindung von Schleifblatt und Gummiteller wird die Klett-
verbindung vorrangig berücksichtigt, da sie aufgrund des unkomplizierten und schnellen
Schleifblattwechsels die am weitesten verbreitete Verbindungsart darstellt. Bei Schleif-
aufgaben mit vergleichsweise hohen Abtragsraten kommen auch zentrisch über eine
Wellenmutter geklemmte Schleifblätter zum Einsatz und bei kleinen Schleiftellern mit
Durchmessern von weniger als 50 mm ist teilweise noch die Klebeverbindung verbreitet.

Die Lagerung des Schleifwerkzeugs erfolgt an der Werkzeugaufnahme aus Aluminium.
Eine Elementschicht mit niedrigem E-Modul bildet dabei die virtuelle Aufhängung.
Durch die Unterdrückung der restlichen Freiheitsgrade ist nur eine Verschiebung der
Werkzeugaufnahme in Zustellrichtung (Z-Richtung) möglich. Die globale Anpreßkraft
wird parallel zur virtuellen Aufhängung am Umfang der Werkzeugaufnahme in den
Schleifteller eingeleitet.

Bei der Modellierung des Schleifwerkzeugs kann nur ein geringer Abstraktionsgrad gewählt werden, da die einzelne Komponenten unterschiedliche E-Module und zum Teil
eine nichtlineare Kopplung untereinander aufweisen. Der Schleifteller wird durchgängig
mit Vollkörperelementen erster Ordnung vom Typ HEXE8 mit trilinearem Ver-
schiebungsfeld modelliert /65/. Die Netzfeinheit ergibt sich in Abhängigkeit vom gewünschten Raster für die Berechnung der Kontaktkräfte mit einer örtlichen Auflösung
von 1,5 mm am Schleiftellerumfang.

Als mögliche Kontaktzone wird die äußerste Elementreihe mit 240 Elementen und 480
Kontaktknoten definiert. Experimentelle Voruntersuchungen und Kontaktrechnungen
mit einem groben Werkzeugmodell ergaben, daß nur der äußerste Bereich des Schleif-

blatts in einem Bereich von wenigen Millimetern im Eingriff ist. Zur Schleiftellermitte hin erfolgt ein stufenweiser Übergang zu einem gröberem Raster. Insgesamt ist der Schleifteller mit 5040 Elementen und 7930 Knoten modelliert. <u>Bild 6.6</u> zeigt das mit PATRAN /66/ erstellte Modell des Schleiftellers.

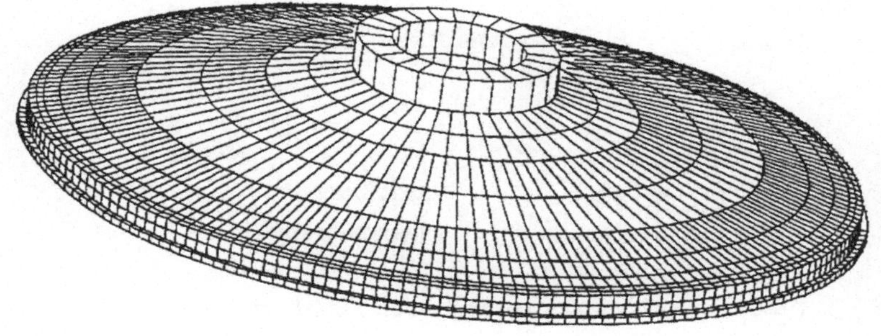

<u>Bild 6.6</u>:   FEM-Modell des elastischen Schleifwerkzeugs

6.3.4   Modellierung des Werkstücks

Über das Werkstückmodell geht die für die Kontaktverformung entscheidende Werkstücktopologie nach <u>Bild 6.7</u> in die Kontaktanalyse ein. Da die Werkstücksteifigkeit um Größenordnungen über der des Schleifwerkzeugs liegt und deshalb beim Kontaktvorgang keine wesentliche Verformung aufweist, reicht es aus, das Werkstück mit nur einer Elementschicht zu modellieren. Deren Abmessungen werden deckungsgleich zu der äußersten Elementreihe des Werkzeugs gewählt, um eine optimale Zuordnung der Kontaktknotenpaare zu ermöglichen. Das Werkstückmodell besteht demzufolge aus 240 Elementen mit 960 Knoten, wovon wie beim Werkzeugmodell 480 als mögliche Kontaktknoten definiert werden.

Um den Einfluß der globalen Werkstückgeometrie zu modellieren, müssen nur die Z-Koordinaten der Kontaktknoten entsprechend der gewünschten konvexen oder konkaven Krümmung abgeändert werden. Gleicherweise lassen sich auch lokale Geometriestörungen, am gewählten Beispiel einer Schweißnaht, mit unterschiedlicher Höhe und Breite, mit geringem Aufwand darstellen.

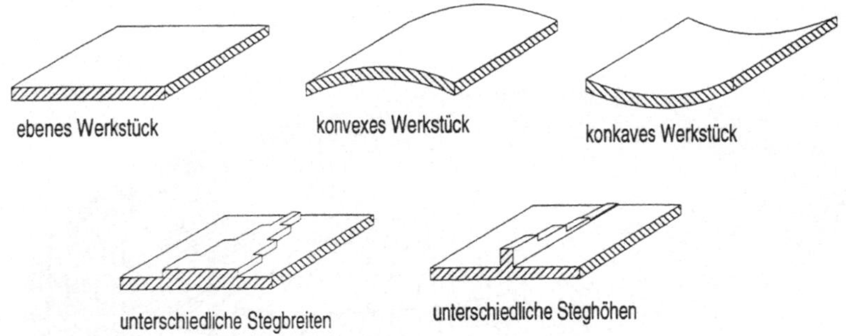

<u>Bild 6.7</u>: Ausgewähltes Werkstückspektrum für die FEM-Kontaktanalyse

6.3.5 Modellierung der drehzahlabhängigen Effekte

Die statische Kontaktanalyse bei stillstehendem Schleifteller ergibt eine symmetrische Ausprägung der Kontaktzone und eine symmetrische Verteilung der Kontaktkräfte, was den realen Verhhältnissen nicht entspricht. Deshalb ist es unumgänglich, auch die dynamischen Einflußgrößen auf die Schleiftellerverformung zu modellieren. Hierzu gehören die Zentrifugalkräfte aus der Werkzeugrotation, die unsymmetrisch angreifenden Schnittkräfte und die Trägheitskräfte, die aus der lokalen Verformung resultieren.

6.3.5.1 Modellierung der Zentrifugalkräfte

Aus der Schleiftellerrotation resultieren Zentrifugalkräfte und infolge davon eine Durchmesservergrößerung des Schleiftellers. Bei der Maximaldrehzahl von 9000 min^{-1} nimmt der Durchmesser des Gummitellers in der Größenordnung von ca. 2 mm zu. Außerdem kommt es zu einer Vorspannung des Gummitellers, die sich beim mitrotierenden Miniaturkraftsensor durch einen drehzahlabhängigen Offset des Signalniveaus bemerkbar macht (vgl. Kap.4.2.3.2).

Die Zentrifugalkräfte aus der Werkzeugrotation können durch eine Standardfunktion - in PERMAS mit der Funktion INERT /67/ - berechnet werden. Aufgrund der unterschiedlichen E-Module von Gummiteller und Schleifblatt kommt es jedoch auch zu unterschiedlichen Durchmesservergrößerungen. Der Gummiteller wächst weit mehr als das Schleifblatt und aufgrund der modellierten starren Verbindung kommt es zu einer starken Aufwölbung des Gummitellers in Zustellrichtung, wie es in <u>Bild 6.8</u> zu sehen ist.

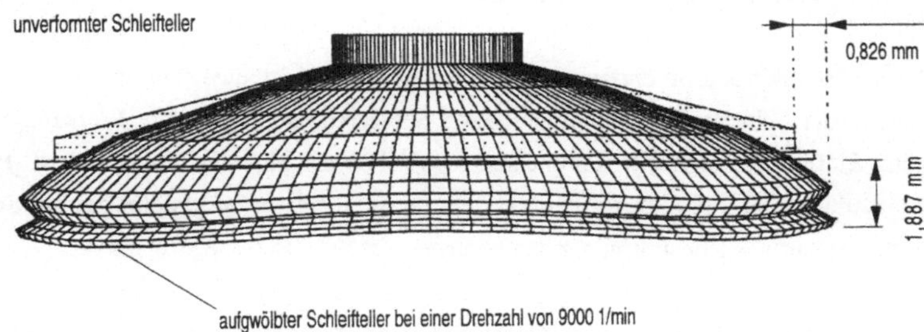

<u>Bild 6.8</u>:   Aufwölbung des Schleiftellers aufgrund von Zentrifugalkräften

Dieser Effekt ist jedoch in der Praxis nur sehr eingeschränkt zu beobachten, da dort die Klettverbindung zwischen Gummiteller und Schleifblatt in radialer Richtung sehr nachgiebig wirkt und deshalb einer Vergrößerung des Gummitellerdurchmessers gegenüber dem Schleifblattdurchmesser problemlos erlaubt. Aus diesem Grund ist bei der Modellierung besonderer Augenmerk auf die spezielle Kopplung zwischen Gummiteller und Schleifblatt durch die Klettverbindung zu legen.

Bei isotropem Materialverhalten ist die allgemeine Elastizitätsmatrix symmetrisch und auf der Hauptdiagonalen mit identischen Werten besetzt. Das Verformungsverhalten ist dabei richtungsunabhängig. Als Eingabegrößen treten nur der E-Modul und die Querkontraktionszahl ν auf.

$$\overline{E}_{isotrop} = \frac{E(1-\nu)}{(1+\nu)(1-\nu)} \cdot \begin{bmatrix} 1 & \dfrac{\nu}{1-\nu} & \dfrac{\nu}{1-\nu} \\ \dfrac{\nu}{1-\nu} & 1 & \dfrac{\nu}{1-\nu} \\ \dfrac{\nu}{1-\nu} & \dfrac{\nu}{1-\nu} & 1 \end{bmatrix} \tag{6.5}$$

Zur Nachbildung des quasi-anisotropen Verhaltens im Bereich zwischen Klettbelag und Schleifblatt wird die Elastizitätsmatrix für den Klettbelag so belegt, daß nur in Z-Richtung eine Steifigkeit vorhanden ist und in Schleiftellerebene ein sehr nachgiebiges Verhalten erreicht wird. Dazu werden alle Matrixelemente außer E_{33}, welches für die Z-Richtung entscheidend ist, sehr klein gewählt. Mit dieser Vorgehensweise kann die Klettverbindung mit ihrem richtungsabhängigen Verhalten realistisch modelliert werden.

6.3.5.2 Modellierung der Schleifkräfte

Die Schleiftellerrotation erzeugt eine bogenförmige Schnittbewegung und damit tangentiale, in der Schleiftellerebene angreifende Schleifkräfte, die auf die Werkzeugverformung Einfluß haben. Der Zusammenhang zwischen der globalen Vorspannkraft F_G und der resultierenden Schnittkraft F_S wird über den Reibwert μ hergestellt, der mit Schleifversuchen auf $\mu \approx 1$ bestimmt werden konnte.

Als Folge dieser tangential angreifenden Schnittkräfte kommt es zu einer Stauchung des Schleiftellers, wie es in <u>Bild 6.9</u> skizziert ist. Die vorhandene Kontaktverformung des Schleiftellers liefert den Reibkräften einen Angriffspunkt, der die Verlagerung der Eingriffszone begünstigt.

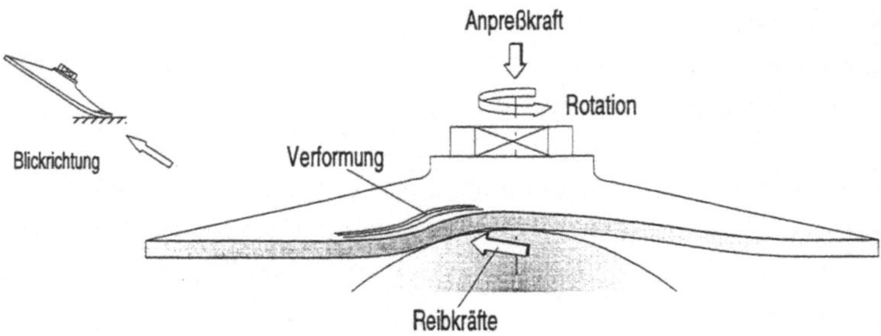

<u>Bild 6.9</u>: Asymmetrische Verformung des Schleiftellers aufgrund tangential angreifender Schnittkräfte

6.3.5.3 Modellierung der verformungsbedingten Trägheitskräfte

Den bedeutendsten Einfluß auf das dynamische Verhalten des Schleiftellers haben die drehzahlabhängigen Trägheitskräfte in axialer Richtung. Durch die Anstellung des Werkzeugs kommt es zu einer lokalen Verformung des Schleiftellers. Betrachtet man ein finites Massenelement m_e, welches mit konstanter Winkelgeschwindigkeit ω rotiert, so erfährt dieses innerhalb des verformten Bereichs eine axiale Auslenkung $z_e(\varphi)$ mit einer drehzahlabhängigen Verformungsgeschwindigkeit $\dot{z}_e(\varphi)$ und Verformungsbeschleunigung $\ddot{z}_e(\varphi)$. Dadurch kommt es zu einer Trägheitskraft $F_m(\varphi)$ auf das Massenelement, die der Beschleunigung entgegen gerichtet ist. Diese Zusammenhänge sind in Bild 6.10 dargestellt.

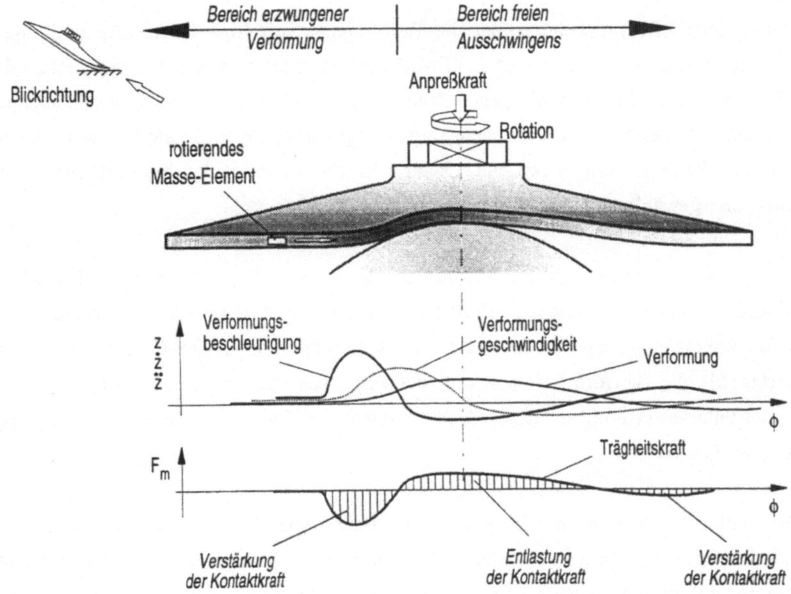

Bild 6.10: Modellierung der dynamischen, axial wirkenden Trägheitskräfte

Die Trägheitskräfte erzeugen eine zur Vorschubrichtung symmetrische Ausprägung, solange von einer symmetrischen Verformung ausgegangen wird. Unterscheidet man bei der Verformung in einen Bereich mit Zwangskopplung und einen Bereich, in dem die

Massenelemente „abheben" können, wenn die Vorspannung des elastischen Gummitellers nicht mehr ausreicht, dann kommt man den Zusammenhängen des in der Praxis entscheidenden unsymmetrischen Abtragsverhaltens auf den Grund. Im Bereich der Zwangskopplung ist die Kontaktverformung für die Ausprägung der axialen Trägheitskräfte entscheidend, während im zweiten Bereich die Eigenform des Schleiftellers die Verformung und damit auch die Trägheitskräfte bestimmt.

Im Vergleich zu den Zentrifugalkräften und tangentialen Schnittkräften haben die axialen Trägheitskräfte den größten Einfluß auf die unsymmetrische Ausprägung der Kontaktkräfte und dadurch auch auf die Form des Abtragsquerschnittes.

6.3.6 Realisierung der dynamischen Effekte im FEM-Programm PERMAS

Dynamische Effekte, welche über die Bestimmung von Eigenfrequenzen und Eigenformen hinausgehen, lassen sich in FEM-Berechnungsprogrammen nur begrenzt modellieren. Vor allem für die vorliegende Problemstellung, bei der die aus einer Kontaktverformung resultierenden, drehzahlabhängigen Trägheitskräfte berücksichtigt werden müssen, sind keine Lösungen bekannt. Daher wird die im folgenden beschriebene Vorgehensweise gewählt.

In einem ersten Schritt wird zur Bestimmung der Schleiftellerverformung im Bereich der Zwangskopplung eine statische FEM-Kontaktanalyse unter Berücksichtigung der statischen Vorspannung aus der Werkzeugrotation durchgeführt. Diese Vorgabe eines Startwertes für die Verformung aus der statischen Kontaktanalyse ist zulässig, da die Schleiftellerverformung in diesem Bereich durch die Zwangskopplung weitgehend vorgegeben ist.

Die Schleiftellerverformung im Bereich des freien Ausschwingens entspricht einer Eigenform des Schleiftellers. Die durch den Kontaktvorgang ausgelenkten Massenelemnte erfahren aufgrund der elastischen Vorspannung wieder eine Beschleunigung in Richtung auf das Werkstück. Um die Verformung im Bereich des Ausschwingens zu ermitteln, werden in einem zweiten Schritt die Eigenformen des Schleiftellers berechnet. Die relevante Eigenform ist in <u>Bild 6.11</u> dargestellt.

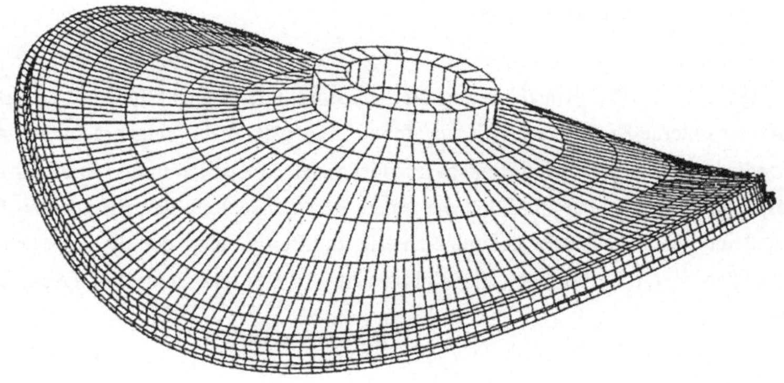

<u>Bild 6.11</u>: Relevante Eigenform des elastischen Schleiftellers bei 159 Hz

Die Gesamtverformung $z_e(\varphi)$ ergibt sich indem die Verformung aus der Zwangskopplung und die aus der Eigenform resultierende Verformung tangentenstetig zusammengesetzt werden.

Die durch die Winkelgeschwindigkeit ω verursachte Verformungsbeschleunigung $\ddot{z}_e(t)$ wird durch zweimaliges Ableiten der Verformung $z_e(\varphi)$ nach der Zeit ermittelt.

$$\ddot{z}_e(t) = \frac{d''z_e(\varphi)}{d\varphi} \cdot \left(\frac{d\varphi}{dt}\right)^2 \tag{6.6}$$

Die Massenelemente können über die PERMAS-Funktion WEIGHT ermittelt werden. Zur Vereinfachung wird mit einer Ersatzmasse gearbeitet, die ein gesamtes Winkelsegment umfaßt. Die aus der Verformungsbeschleunigung resultierenden Trägheitskräfte $F_m(t)$, die auf das Massenelement m_e wirken, ergeben sich zu:

$$F_m(t) = -\left[m_e \cdot \ddot{z}_e(t)\right] \tag{6.7}$$

Die tangential auf das Schleifteller wirkenden Schnittkräfte $F_s(\varphi)$ werden aus den Kontaktkräften $F_k(\varphi)$ der statischen Kontaktanalyse über den experimentell ermittelten Reibwert μ nach dem Coulombschen Reibgesetz berechnet:

$$F_s(\varphi) = \mu \cdot F_k(\varphi) \tag{6.8}$$

In einem zweiten Rechenlauf werden die berechneten Trägheitskräfte und die Schleifkräfte als externe Kräfte zusätzlich zur globalen Anpreßkraft F_G eingebracht. Mit dieser Vorgehensweise lassen sich die entscheidenden Effekte modellieren und in die Kontaktanalyse integrieren. Man erhält um die innere Iterationsschleife der eigentlichen FEM-Kontaktanalyse eine äußere Iterationsschleife zur Bestimmung der dynamischen Einflußgrößen. Bild 6.12 zeigt den Berechnungsablauf dieser quasistatischen Dynamikanalyse.

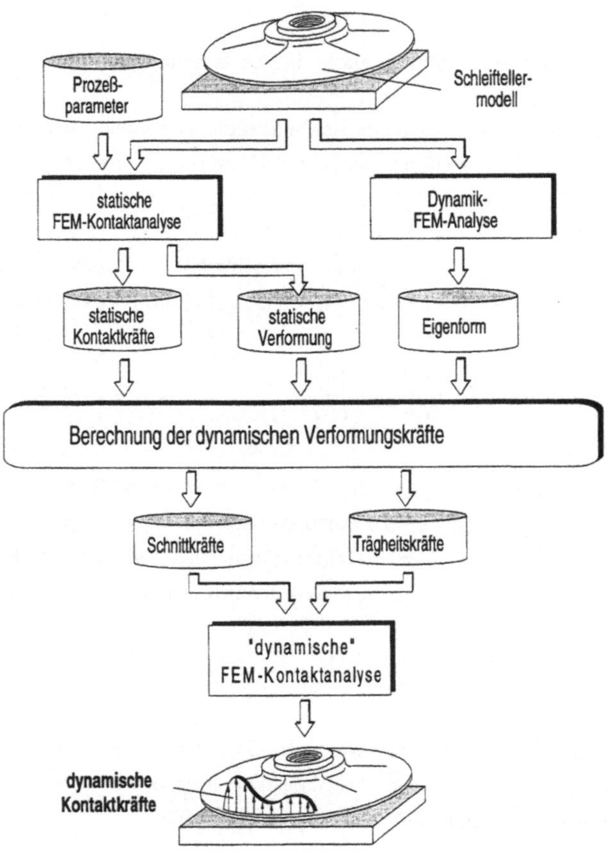

Bild 6.12: Berechnungsablauf zur Bestimmung der dynamisch wirkenden Kontaktkräfte

6.3.7 Ermittlung der Werkstoffdaten

Die Werkstoffkenngrößen stellen den absoluten Bezug zwischen dem FEM-Modell und der Realität her. Der Elastizitätsmodul E und die Querkontraktionszahl μ beschreiben den Zusammenhang zwischen der wirkenden Belastung und der daraus resultierenden Verformung, während die Materialdichte ρ wesentlich in die Bestimmung der dynamischen Trägheitskräfte eingeht. Die noch unbekannten Werkstoffdaten für das Schleifblatt und die Klettverbindung wurden experimentell ermittelt. Alle relevanten Werkstoffdaten sind in Tabelle 6.1 zusammengestellt. Zu beachten ist der Temperatureinfluß auf den Elastizitätsmodul des Gummitellers. Messungen des Temperaturgangs ergaben einen Anstieg von 24° (Raumtemperatur) auf einen stationären Wert von 35° im Dauerbetrieb. Die Werkstoffdaten für das Schleifblatt sind auf die angegebene Körnung bezogen.

	Virtuelle Aufhäng.	Werkzeug aufnahme	Gummi teller	Klettver bindung	Schleif blatt P50	Werk stück
Material	--	Druckguß-aluminium	Gummi-mischung	Duro-plast-gewebe	Leinen, Kunstharz, Korund	Stahl
Elastizitätsmodul E [N/mm^2]	10^{-3}	70.000	5,0	280 (E_{33})	1.116	210.000
Querkontrak-tionszahl v [-]	0,3	0,33	0,48	--	0,3	0,3
Dichte ρ [kg/dm^3]	10^{-3}	2,7	1,0	10^{-7}	2,0	7,8

Tabelle 6.1: Werkstoffdaten des elastischen Schleiftellers für die FEM-Rechnung

Bei numerischen Berechnungen muß besonderes Augenmerk auf eine ausgewogene Konditionierung gelegt werden. Gibt es innerhalb einer mechanischen Struktur Bereiche mit sehr unterschiedlichen Materialeigenschaften, so kann dies auch bei der numerischen Berechnung zu einer unausgewogenen Konditionierung und infolge davon zu reduzierten Genauigkeiten kommen. Die Konditionierung einer FEM-Modells kann in PERMAS über den Wert „accuracy" überprüft werden, der größer als 4 sein sollte. Für die vorliegende Kontaktproblematik bedeutet dies, daß die virtuelle Aufhängung nur eine begrenzte Elastizität aufweisen darf. Sie wird so groß gewählt, daß sie an der Gesamtverschiebung des Werkzeugs eine Verfälschung von maximal 1% bewirkt.

Eine weitere wichtige Einschränkung ist bezüglich der Querkontraktionszahl gegeben. Bei der Formulierung mit Finiten Elementen mit Verschiebungsansatz können keine inkompressiblen Werkstoffe berücksichtigt werden. So weist beispielsweise reines Gummi ein inkompressibles Verformungsverhalten auf, was sich in einer Querkontraktionszahl von $\nu=0{,}5$ ausdrückt. Es besteht die Möglichkeit, durch Modifikationen der üblichen Elementformulierungen Elemente zu konstruieren, die eine Berechnung inkompressibler Vorgänge erlauben /68/. Für den Fall des Gummitellers wurde eine Querkontraktionszahl von $\nu=0{,}48$ gewählt.

6.4 FEM-Kontaktanalyse zur Berechnung der Kontaktkraftverteilung

6.4.1 Einfluß der Prozeßparameter auf die Kontaktkraftverteilung

Die Prozeßparameter stellen die entscheidenden Stellgrößen für eine aktive Beeinflussung des Schleifvorgangs im Sinne einer Steuerung oder Regelung dar. Für unterschiedliche Drehzahlen, Anpreßkräfte und Anstellwinkel wurden deshalb die dynamischen Kontaktkraftverläufe für das elastische Schleifwerkzeug berechnet. Es wurde dabei zunächst ein ebenes Werkstück ohne Geometriestörungen vorausgesetzt. Die Parametervariationen mit den fett gedruckten Standardwerten sind in Tabelle 6.2 aufgelistet.

Prozeßparameter	Parametervariation									
Drehzahl $n\ [\mathrm{min^{-1}}]$	0	1000	2000	3000	4000	5000	6000	7000	8000	**9000**
Anpreßkraft $F_G\ [N]$	1	2	3	4	5	6	7	8	9	**10**
Anstellwinkel $\alpha\ [\mathrm{Grad}]$	3	**5**	10	15	20	-	-	-	-	-

Tabelle 6.2:   Variation der Prozeßparameter mit Standardwerten (fettgedruckt)

Die Ergebnisse der dynamischen FEM-Kontaktanalyse werden in dreidimensionalen Diagrammen dargestellt. Die an den diskreten Knotenpunkten berechneten Kontaktkräfte werden dazu über der Eingriffsbreite für die unterschiedlichen Parametervariationen aufgetragen. Da der Werkzeugeingriff nur in der Randzone des Schleifblatts über einem begrenzten Winkelsegment erfolgt, werden die Kontaktkräfte nicht bogenförmig dargestellt, sondern auf eine Ebene projiziert, die quer zur Vorschubrichtung verläuft. Die Werkzeugachse des Schleiftellers liegt in der Mitte der Diagrammachse.

Der Prozeßparameter „Drehzahl" ist für die Verlagerung der Eingriffszone und die unsymmetrische Verteilung der Kontaktkräfte verantwortlich. Dies zeigt sich deutlich in der proportional zur Drehzahl zunehmenden Verlagerung der Kontaktkraftschwerpunkts auf die der Drehrichtung entgegengesetzten Einlaufseite des Schleiftellers vor allem bei Drehzahlen über $5000\,\mathrm{min}^{-1}$. Die Eingriffszone ist bei maximaler Drehzahl um ca. ca. 8 mm relativ zur Werkzeugachse verschoben. <u>Bild 6.13</u> zeigt die Ergebnisse der dynamischen FEM-Kontaktanalyse bei der Drehzahlvariation.

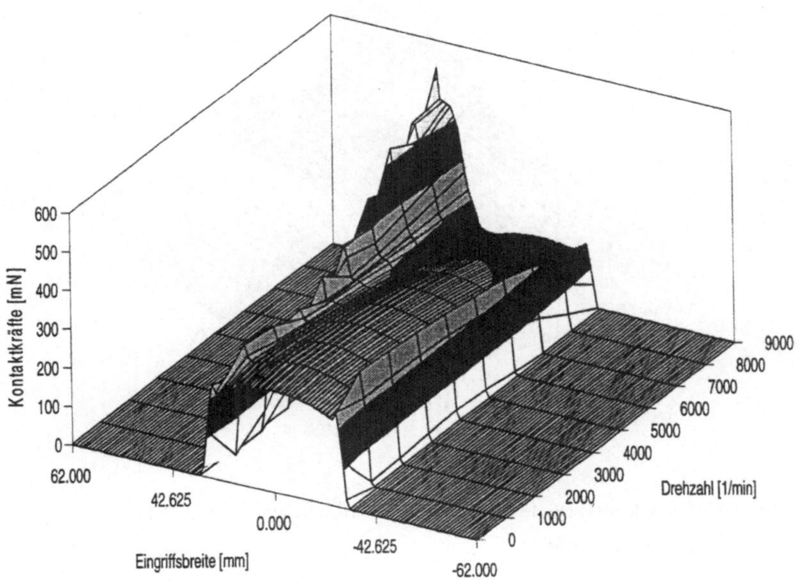

<u>Bild 6.13</u>: Kontaktkraftverläufe der dynamischen FEM-Kontaktanalyse bei Drehzahlvariation

So wie die Drehzahl entscheidenden Einfluß auf die qualitative Ausprägung der Kontaktkraftverteilung hat, so bestimmt die Anpreßkraft deren quantitative Ausprägung. Bild 6.14 zeigt die Ergebnisse der Anpreßkraftvariation bei dem Standardwert für die Drehzahl von 9000 min^{-1}. Mit dieser Parametervariation läßt sich der Effekt des Eingriffszonenversatzes, wie er auch in Bild 1.1 dokumentiert ist, deutlich aufzeigen. Bei kleinen Anpreßkräften und hohen Drehzahlen verlagert sich die Eingriffszone vollständig auf eine Seite der Werkzeugachse. Bei dem betrachteten Schleifteller beträgt dieser Versatz ca. 20 mm. Erst bei Anpreßkräften von über 4 N kommt es zu einem Werkzeugeingriff beidseitig der Werkzeugachse. Hier zeigt sich deutlich die Wechselwirkung zwischen Anpreßkraft und Drehzahl. Es kommt zu einem Abheben des Schleifblatts, wenn die drehzahlabhängigen Trägheitskräfte die statischen Vorspannung aus der globalen Anpreßkraft aufheben.

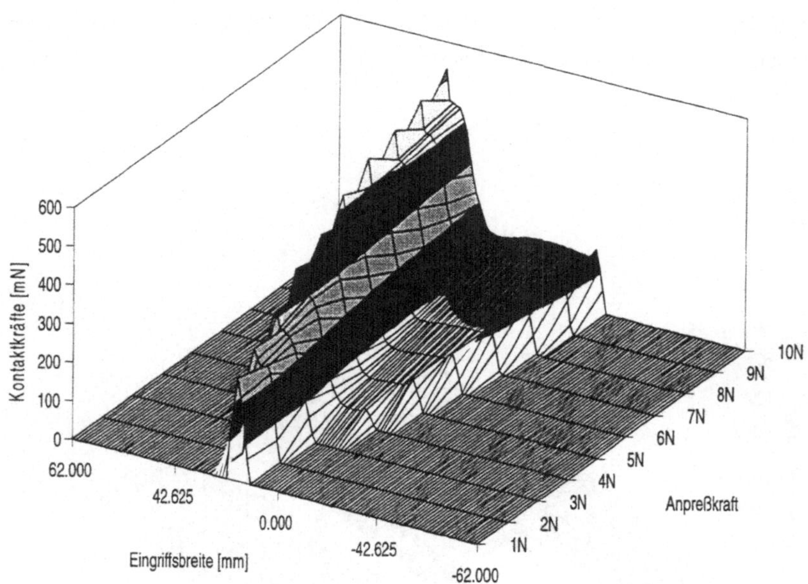

Bild 6.14: Kontaktkraftverläufe der dynamischen FEM-Kontaktanalyse bei Anpreßkraftvariation

Eine weitere Möglichkeit zur Beeinflussung des Abtragsverhaltens bietet der Anstellwinkel. Mit zunehmendem Anstellwinkel verstärkt sich der unsymmetrische Einfluß aus der Werkzeugrotation, während ein flacher Anstellwinkel eine homogene Kontaktkraftverteilung begünstigt. <u>Bild 6.15</u> zeigt die berechnete Kontaktkraftverteilung bei Variation des Anstellwinkels.

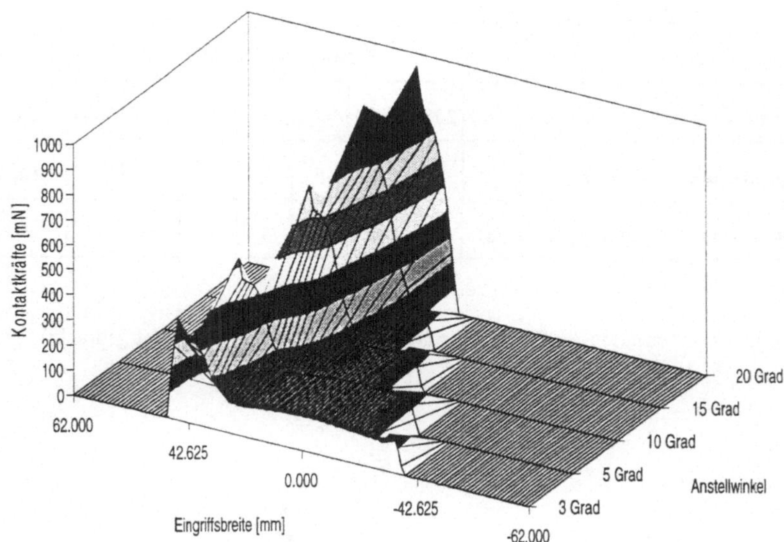

<u>Bild 6.15</u>: Kontaktkraftverläufe der dynamischen FEM-Kontaktanalyse bei
Anstellwinkelvariation

6.4.2   Einfluß der Werkstückgeometrie auf die Kontaktkraftverteilung

Die Werkstückparameter stellen für die Schleifbearbeitung weitgehend konstante Randbedingungen dar. Die globale Topologie des Werkstücks fließt über den quer zur Vorschubrichtung vorhandenen Krümmungsradius in die FEM-Analyse ein. Zusätzlich wird der Einfluß lokaler Geometriestörungen in Form unterschiedlich hoher und breiter Stege berücksichtigt. Die <u>Tabelle 6.3</u> enthält die Parametervariationen mit den fett gedruckten Standardwerten.

Die Variation des Krümmungsradius erstreckt sich von der minimal möglichen konkaven Krümmung, die von den Werkzeugabmessungen begrenzt wird, über ein ebenes Werkstück hin zur konvexen Krümmung. Der Krümmungseinfluß auf die Kontaktkraftverteilung verhält sich analog zum Anstellwinkel. Eine konvexe Krümmung verstärkt die drehzahlabhängige Tendenz zur Eingriffszonenverlagerung, während eine konkave Krümmung dieser entgegenwirkt. In Bild 6.16 sind die berechneten Kontaktkraftverläufe für unterschiedliche Krümmungsradien dargestellt.

Prozeßparameter	Parametervariation									
Drehzahl n [min⁻¹]	0	1000	2000	3000	4000	5000	6000	7000	8000	**9000**
Anpreßkraft F_G [N]	1	2	3	4	5	6	7	8	9	**10**
Anstellwinkel α [Grad]	3	**5**	10	15	20	-	-	-	-	-

Tabelle 6.3:   Variation der Werkstückparameter mit Standardwerten (fettgedruckt)

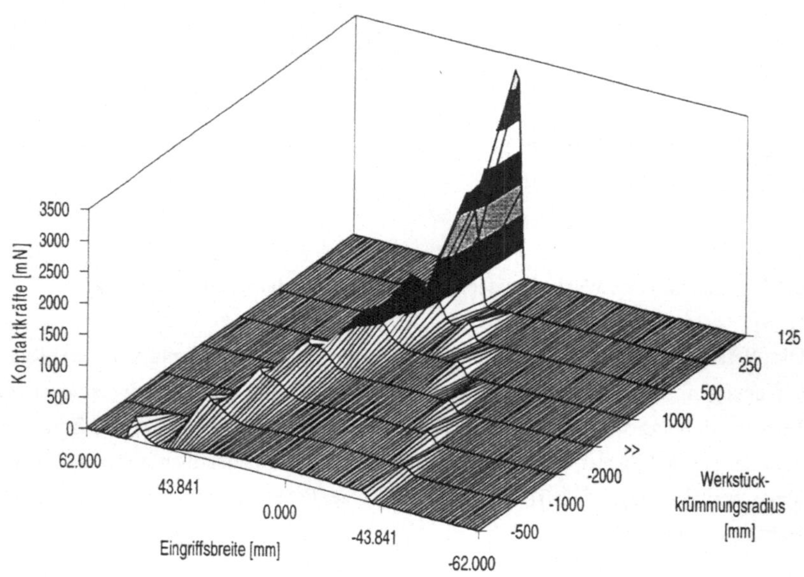

Bild 6.16: Kontaktkraftverläufe der dynamischen FEM-Kontaktanalyse bei
        Krümmungsvariation

Lokale Geometriestörungen beeinflussen die Druckverteilung in der Kontaktzone erheblich. Für ein ebenes Werkstück mit einem Steg von variabler Breite sind die Kontaktkraftverläufe in <u>Bild 6.17</u> dargestellt. Bei einem schmalem Steg von 3 mm Breite liegt die gesamte Eingriffszone um 35 mm versetzt auf der Einlaufseite des Werkzeugs. Auf dem Steg selbst kommt es erst bei Stegbreiten über 3 mm zum Eingriff. Dies bedeutet, daß der Schleifteller im Bereich der Werkzeugachse vollständig abhebt (vgl. Bild 1.1). Mit zunehmender Stegbreite nehmen auch die Kontaktkräfte im Bereich des Stegs zu, während die abgesetzte Eingriffszone kleiner wird, bei einer Stegbreite von 40 mm ganz verschwindet und der Kontaktkraftverlauf sich dem einer ungestörten ebenen Werkstückoberfläche annähert.

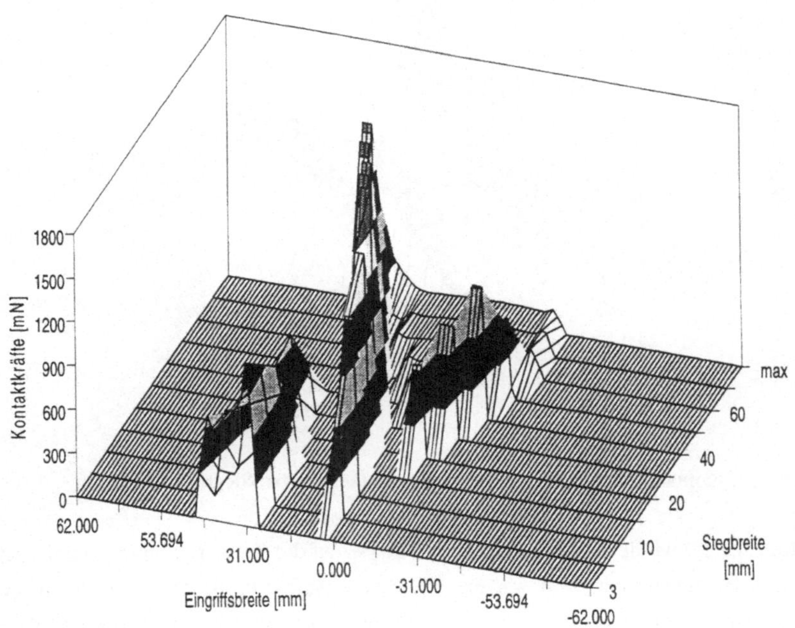

<u>Bild 6.17</u>: Kontaktkraftverläufe der FEM-Kontaktanalyse bei Stegbreitenvariation

Für ein ebenes Werkstück mit einem Steg von variabler Höhe sind die Kontaktkraftverläufe in <u>Bild 6.18</u> dargestellt. Die Stegbreite beträgt durchgängig 3 mm. Mit zunehmender Steghöhe wächst die Kontaktkraft im Bereich des Steges. Bei Steghöhen über 0,6 mm kommt es im Bereich des Stegs zu einem Abheben des Schleiftellers. Ab einer

Steghöhe von 1,2 mm verlagert sich der Eingriff vollständig auf die Einlaufseite und die Kontaktkraftverteilung entspricht der bei der Stegbreitenvariation. Mit zunehmender Steghöhe wird es wieder zu einem Kontakt im Stegbereich kommen und die versetzte Eingriffszone wird sich auflösen.

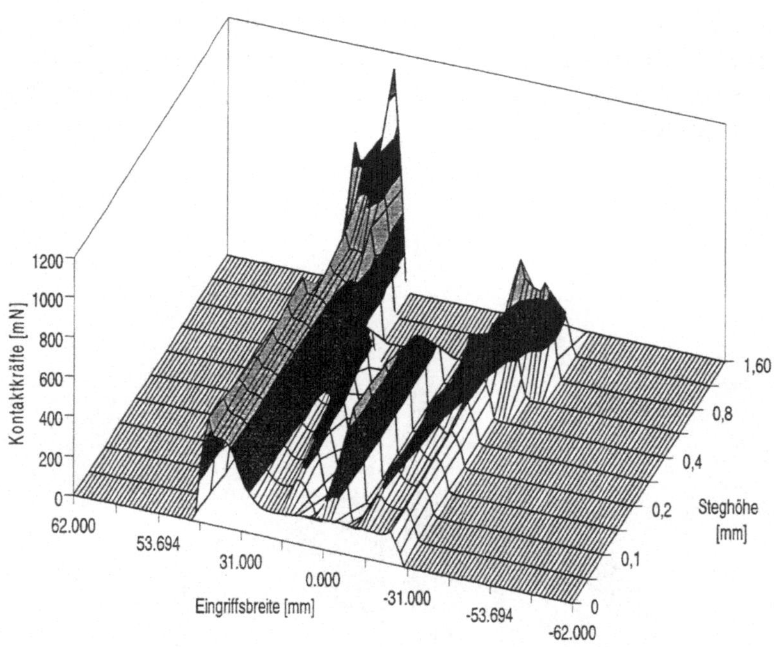

Bild 6.18: Kontaktkraftverläufe der FEM-Kontaktanalyse bei Steghöhenvariation

In Kap. 4.4.1.3 wurde die Auswirkung eines Steges auf das Kraftsignal eines integrierten Kraftsensors untersucht. Dort war die erreichbare Auflösung durch die integrierende Wirkung des Schleifblattes stark begrenzt. Im Gegensatz hierzu kommt es bei der FEM-Kontaktanalyse zu einer Überzeichnung lokaler Geometriestörungen. Die Änderungen in der Werkstückgeometrie, die sich während eines Überschliffs ergeben, sind bei lokalen Strukturen überproportional groß. Die folgenden beiden Parametervariationen für Stegbreite und Steghöhe sind unter dieser Einschränkung zu sehen. Eine Berücksichtigung dieser Geometrieänderungen bei der Kontaktanalyse erfordert eine zusätzliche übergeordnete Iterationsschleife, was bei den bisher schon sehr hohen Berechnungszeiten nicht realistisch ist.

6.5   Umsetzung der Ergebnisse der dynamischen FEM-Kontaktanalyse

Mit der dynamischen FEM-Kontaktanalyse konnten die prinzipiellen Zusammenhänge zwischen Prozeß- und Werkstückparametern und den sich einstellenden Kontaktkraftverläufen bei elastischen Schleifwerkzeugen aufgezeigt werden. Die Einflußgrößen auf das statische und dynamische Verformungsverhalten wurden untersucht und für die wichtigsten Betriebszustände wurde die Eingriffszone und die zugehörige Kontaktkraftverteilung ermittelt. Einer direkten Einbindung der FEM-Kontaktanalyse in eine Offline-Programmierung einer Schleifbearbeitung stehen jedoch folgende Aspekte entgegen:

- Die Rechenzeit zur Ermittlung der dynamischen Kontaktkraftverteilung beträgt für jeden Parametersatz bei Verwendung eines vollständigen Modells des Schleifwerkzeugs mehrere CPU-Stunden auf einer Workstation der unteren Leistungsklasse.

- Die Werkstücktopologie beeinflußt das Abtragsverhalten des elastischen Schleifwerkzeugs entscheidend. Vor allem bei lokalen Geometriestörungen wird jeweils ein neues Werkstückmodell erforderlich, was mit hohem Modellierungsaufwand verbunden ist.

- Während eines Überschliffs verändert sich die Topologie des Werkstücks und damit die Kontaktkraftverteilung und die Eingriffszone. Diese Geometrieänderung darf vor allem bei kleinen Geometriestrukturen bei der Bestimmung der Kontaktkraftverläufe nicht vernachlässigt werden.

Im folgenden werden Wege aufgezeigt, um eine effiziente Modellierung des Verformungsverhaltens elastischer Schleifwerkzeuge für eine Offline-Programmierung der Schleifbearbeitung zu erhalten.

6.5.1   Datenbank für Kontaktkraftverläufe

Eine Möglichkeit zur Reduzierung von Rechenzeiten besteht darin, eine Datenbank mit den Ergebnissen der exakten FEM-Kontaktanalyse für die unterschiedlichen Prozeß- und Werkstückparameter aufzubauen. Dies ist vor allem dann sinnvoll, wenn die Anzahl der Parameter durch eine geeignete Fixierung der Prozeßparameter eingeschränkt werden kann. Bei konstant gehaltenen Prozeßparametern, beispielsweise durch eine Drehzahl-

und Anpreßkraftregelung, hängt das Bearbeitungsergebnis ausschließlich von der Werkstücktopologie ab.

Bei bekannter Werkstücktopologie und vorgegebenen Prozeßparametern liefert die Datenbank die zugehörige Kontaktkraftverteilung und über die Abtragsgleichung den erzeugten Abtragsquerschnitt. Wird für eine vorgegebene Werkstücktopologie ein bestimmter Abtragsquerschnitt benötigt, dann muß unter Berücksichtigung der Vorschubgeschwindigkeit zunächst die für den Abtrag erforderliche Kontaktkraftverteilung berechnet werden. Aus der Datenbank wird dann für die vorgegebene Werkstücktopologie derjenige Prozeßparametersatz (Anpreßkraft, Drehzahl und Anstellwinkel) ermittelt, der die benötigte Kontaktkraftverteilung erzeugt.

6.5.1.1 Approximation der Kontaktkraftverläufe

Die diskreten Kontaktkraftverläufe können mit mathematischen Funktionen, beispielsweise Polynomen oder trigonometrischen Funktionen approximiert oder mittels charakteristischer Punkte beschrieben werden. Damit erreicht man eine Reduzierung der Datenmenge und es lassen sich Zusammenhänge zwischen Funktionsparametern und Prozeß- und Werkstückparametern aufzeigen, die zur Berechnung der erforderlichen Prozeßparameter herangezogen werden können. Die Polynomapproximation der Kontaktkraftverteilung über der Eingriffsbreite nach der Gleichung:

$$F_{ka}(x) = a_0 + a_1 x + a_2 x^2 + \dots a_n x^n \qquad (6.9)$$

ist für die Anpreßkraftvariation in <u>Bild 6.18</u> dargestellt. Es wurden Polynome 8.Ordnung gewählt. Die Polynomparameter $a_0 \dots a_8$ wurden über die Methode der kleinsten Fehlerquadrate berechnet, womit man eine sehr gute Übereinstimmung der Approximationsfunktion mit der diskreten Kontaktkraftverteilung erhält.

Eine weitere Möglichkeit zur Approximation der Kontaktkraftverläufe bietet die Methode der charakteristische Punkte. Ein Kontaktkraftverlauf wird charakterisiert über die Lage der Eingriffszone (X_EL, X_ER, X_EB), der Maxima (X_HR, Y_HR, X_HL, Y_HL), des Flächenschwerpunkts (X_SP, Y_SP) und über die Größe der Flächenträgheitsmomente um die X-Achse (Y_DE) und Y-Achse (Y_DE). Diese charakteristischen Punkte sind für die Kontaktkraftverteilung in <u>Bild 6.19</u> dargestellt.

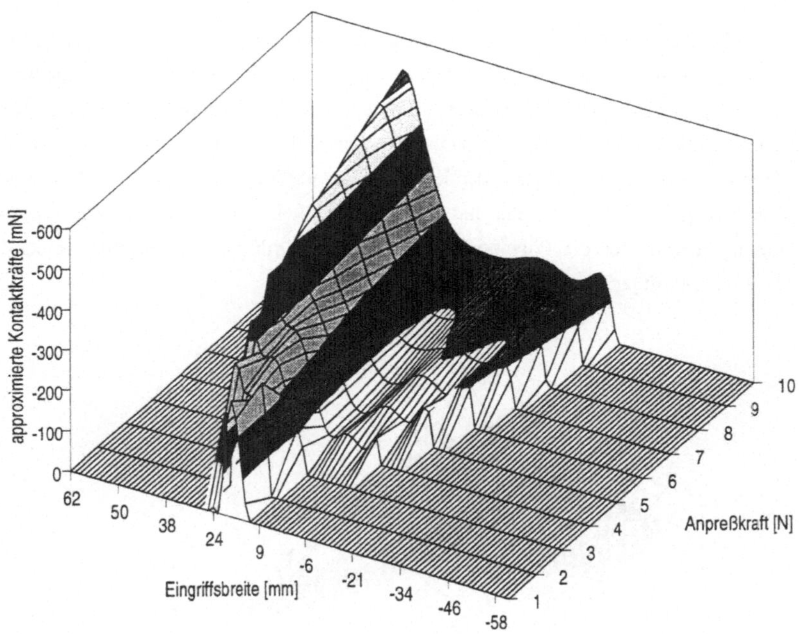

Bild 6.18: Mit Polynomfunktionen approximierte Kontaktkraftverteilung bei Anpreßkraftvariation

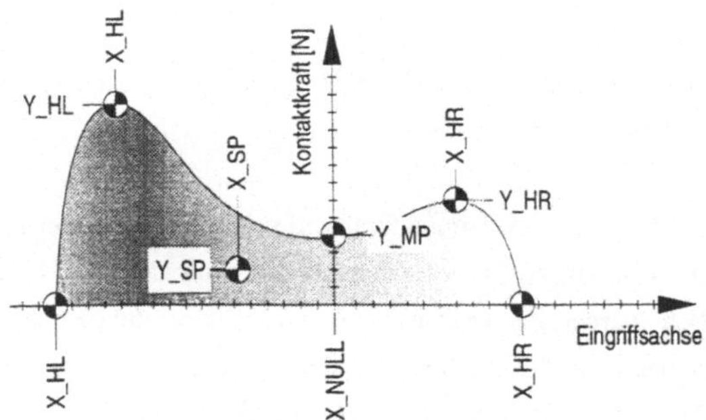

Bild 6.19: Approximation der Kontaktkraftverteilung über charakteristische Punkte

6.5.1.2 Parametermodell der approximierten Kontaktkraftverläufe

Eine direkte Zuordnung der Funktionsparameter der approximierten Kontaktkraftverteilung zu den Prozeß- oder Werkstückparametern kann in Form eines Parameter-
modells hergestellt werden. Am Beispiel der Polynomapproximation bedeutet dies, daß
die globale Anpreßkraft sich auf den Parameter a_0 auswirkt. Der unsymmetrische Einfluß
der Drehzahl auf die Ausprägung der Kontaktkraftverteilung geht über die Polynomparameter ungerader Ordnung ein, und der Anstellwinkel und die globale Werkstückkrümmung beeinflussen die Polynomparameter gerader Ordnung. Das Parametermodell
für die Anpreßkraftvariation ist in Bild 6.20 zu sehen.

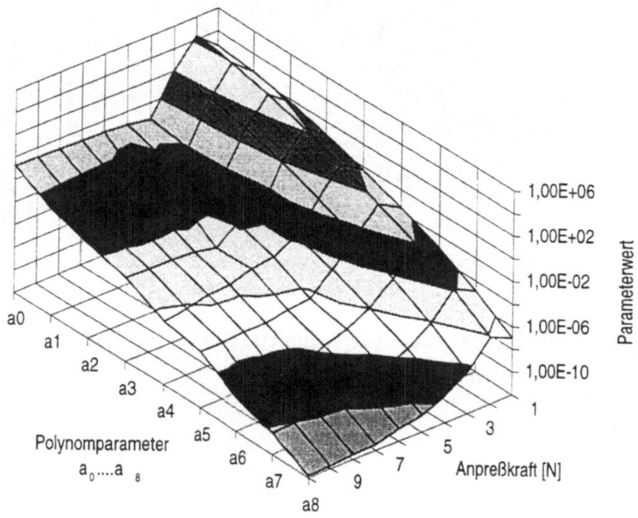

Bild 6.20: Parametermodell für die Polynomapproximation der Kontaktkraftverteilung
bei Anpreßkraftvariation

Für die Approximation der Kontaktkraftverläufe über charakteristische Punkte ist das
Parametermodell in Bild 6.21 bei Variation der Anpreßkraft zu sehen. Die charakteristischen Größen wurden getrennt nach X- und Y-Koordinate dargestellt. Diese vorgestellte Überführung der Kontaktkraftverläufe in Parametermodelle der Approximations-
funktionen findet ihre Grenzen bei Werkstücken mit lokalen Geometriestörungen. Die
dort auftretenden Unstetigkeiten im Kontaktkraftverlauf verhindern eine Dartsellung mit
stetigen Funktionen.

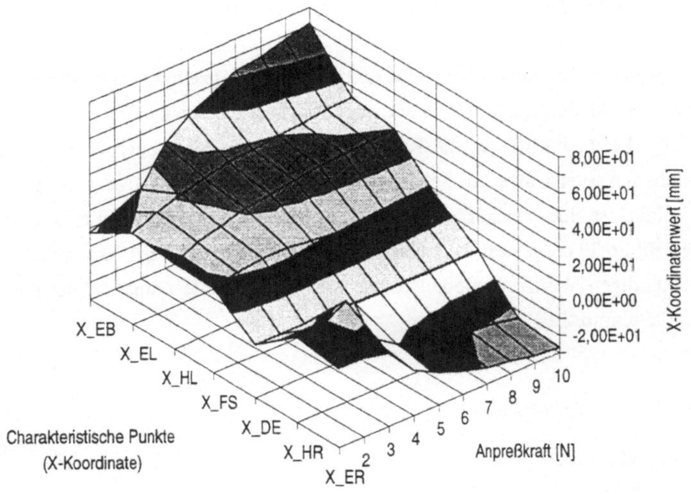

Bild 6.21a: Parametermodell für die Approximation mit charakteristischen Punkten bei Anpreßkraftvariation (X-Koordinate)

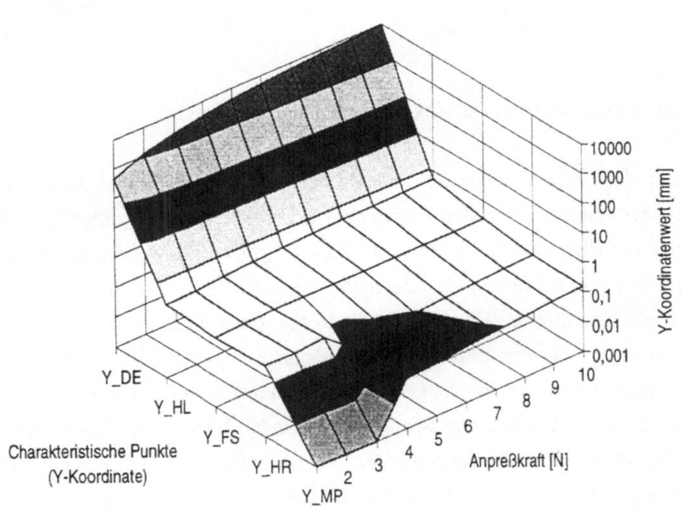

Bild 6.21b: Parametermodell für die Approximation mit charakteristischen Punkten bei Anpreßkraftvariation (Y-Koordinate)

- 114 -

6.5.2 Modellreduzierung auf eine Segmentkette

Eine weitere Möglichkeit zur Reduzierung der Rechenzeiten besteht darin, ein stark ver-
einfachtes Modell des Schleifwerkzeugs für die Kontaktanalyse zu verwenden. Da sich
der Werkzeugeingriff auf die Randzone des Schleiftellers beschränkt und sich für die
üblichen Anpreßkräfte im Bereich von 10 N eine schmale bogenförmige Kontaktzone
ausbildet, ist eine Vereinfachung auf ein zweidimensionales Segmentkettenmodell, wie
es in <u>Bild 6.22</u> dargestellt ist, zulässig. Die Ergebnisse der FEM-Kontaktanalyse mit dem
vollständigen Werkzeugmodell bilden die Basis für die Dimensionierung dieses Segmentkettenmodells.

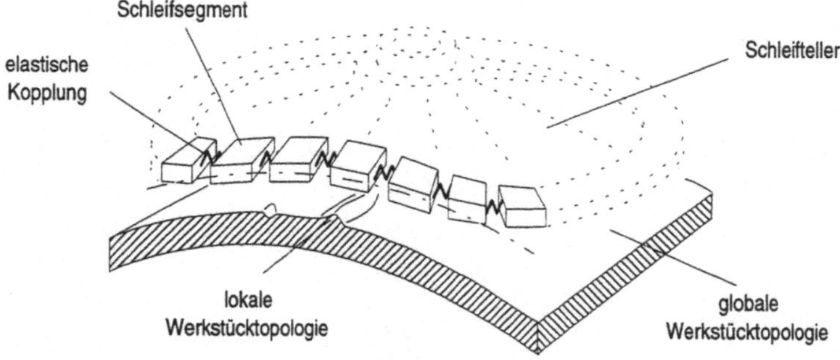

<u>Bild 6.22</u>: Segmentkettenmodell des elastischen Schleiftellers

Die Anzahl der Unbekannten geht in die Rechenzeit der FEM-Analyse in dritter Potenz
ein. Mit einer vereinfachten Modellierung des Schleiftellers als Segnmentkette läßt sich
die Anzahl der Elemente um den Faktor 100 verringern. Eine weitere Reduzierung der
Modellgröße ergibt sich durch den Übergang von der dreidimensionalen auf eine zwei-
dimensionale Modellierung. Damit kann die Rechenzeit vom Stundenbereich in den Se-
kundenbereich verschoben werden. Dies ermöglicht dann auch die Realisierung einer
weiteren Iterationsschleife, mit der Geometrieänderungen während eines Überschliffs berücksichtigt werden können. Ein Segmentkettenmodell bietet somit einen realistischen
Ansatz für die direkte Berechnung der Kontaktkräfte während einer Offline-Programmierung der Schleifbearbeitung unter Berücksichtigung veränderlicher Werkstückgeometrien.

6.5.3   Alternative Verfahren

Bei der FEM-Modellierung werden die werkzeuginternen Zusammenhänge direkt abgebildet. Die Berechnungsergebnisse stimmen mit der Realität nur dann überein, wenn alle relevanten Einflüsse auf die dynamische Verformung qualitativ und quantitativ korrekt berücksichtigt werden konnten. Eine Alternative hierzu bieten Neuronale Netze, um das Abtragsverhalten elastischer Schleifwerkzeuge zu lernen. Damit werden die inneren Zusammenhänge nicht mehr explizit beschrieben, sondern das komplexe Abtragsverhalten wird vom Neuronalen Netz nachgebildet, indem über eine Gewichtung der Netzknoten den Eingangsgrößen (Werkstück- und Prozeßparameter) entsprechende Ausgangsgrößen (Abtragskontur) zugeordnet werden. Die Ergebnisse der durchgeführten Versuche und der theoretischen Abtragsermittlung können die Basis hierzu bilden.

Zum Einlernen des Neuronalen Netzes, d.h. zur Ermittlung der Gewichtungsfaktoren, müssen die Prozeß- und Werkstückparameter mit dem Bearbeitungsergebnis in Beziehung gebracht werden. Als Merkmale bieten sich die charakteristischen Punkte der Kontaktkraftverteilung an (Bild 6.19). Dafür ist eine geometrische Vermessung der erzeugten Abtragskontur samt einer intelligenten Merkmalsextraktion erforderlich. Während der Lernphase muß ein möglichst breites Spektrum an Prozeß- und Werkstückparametern abgedeckt werden.

Die Vorteile dieses lernenden Verfahrens bestehen darin, daß eine Modellierung des Werkzeugs entfällt und alle wesentlichen Einflußgrößen auf das Abtragsverhalten ohne modellbedingte Begrenzungen berücksichtigt werden. Der Aufwand für das Einlernen wird dadurch gerechtfertigt.

6.5.4   Einbindung des Werkzeugmodells

Derzeitige Offline-Programmiersysteme für Industrieroboter verfügen über unterschiedliche Technologiemodule, um die prozeßspezifischen Aspekte spezieller Einsatzgebiete, wie Punktschweißen oder Lackieren, bei der Programmerstellung berücksichtigen zu können /69,70,71/. Technologiemodule zur Programmierunterstützung spanender Bearbeitungsverfahren sind bisher allerdings nicht verfügbar.

Die Offline-Programmierung der Schleifbearbeitung muß bei der Generierung der Schleifbahnen das komplexe Abtragsverhalten elastischer Schleifwerkzeuge berücksichtigen. Die Realisierung eines Schleifmoduls kann in Anlehnung eines vorhandenen Lakkiermoduls erfolgen /69/. Beim Programmieren eines Lackiervorgangs geht es darum, durch eine günstige Anordnung der Bewegungsbahnen einen möglichst gleichmäßigen Lackauftrag von vorgegebener Schichtdicke mit dem fächerförmigen Lackierstrahl zu erzeugen. Dessen Dichteverteilung ist konstant und weist einen parabolischen Verlauf auf. Die resultierende Schichtdicke hängt von dem Auftreffwinkel und der Vorschubgeschwindigkeit ab.

Im Analogie zum Lackiermodul muß beim Schleifmodul ein gezielter flächiger Materialabtrag erfolgen. Der wesentliche Unterschied besteht jedoch darin, daß sowohl der erforderliche Abtragsquerschnitt als auch das erzeugte Abtragsprofil von der lokalen Werkstücktopologie abhängig ist. Deshalb muß in einem ersten Schritt der erforderliche Abtragsquerschnitt bestimmt werden. Daran schließt sich eine Schnittaufteilung mit der Bestimmung der erforderlichen Abtragsquerschnitte und damit der Kontaktkraftverläufe an. Der Zusammenhang zwischen den Kontaktkraftverläufen und den Prozeßparametern wird über das dynamische Abtragsmodell des elastischen Schleifwerkzeugs bereitgestellt, indem die Kontaktkraftverläufe entweder aus der Datenbank oder direkt über eine Online-Berechnung mittels des vereinfachten Segmentkettenmodells gewonnen werden.

7 Experimentelle Verifikation der Verformungs- und Abtragsmodellierung

7.1 Versuchsaufbau

Die theoretisch ermittelten Abtragszusammenhänge am elastischen Schleifteller wurden für unterschiedliche Betriebszustände durch Schleifversuche verifiziert. Dazu wurde ein robotergestütztes Schleifsystem (<u>Bild 7.1</u>) mit ausgewählten, in Kapitel 4 vorgestellten Systemkomponenten und -funktionen realisiert.

<u>Bild 7.1</u>: Schleifsystem zur experimentellen Verifikation der Werkzeugmodellierung

Zur Führung des Schleifwerkzeugs kommt ein 6-achsiger Industrieroboter in Zylinder-koordinatenbauweise zum Einsatz. Die industrielle Robotersteuerung /72/ verfügt über programmier- und parametrierbare Sensorfunktionen, die es ermöglichen, im Interpolationstakt von 20 ms greiferbezogene Kraft-/momentenwerte einzulesen und Korrektur-werte auf die Achsstellgrößen aufzuschalten. Die Bandbreite des Sensorregelkreises von ca. 2 Hz ist ausreichend, um bei den vorliegenden kleinen Konturabweichungen und Vorschubgeschwindigkeiten den programmierten Kraftsollwert auf ca. 95% genau ein-zuhalten.

Die mit unterschiedlichen Parametersätzen erzeugten Abtragsprofile wurden optisch vermessen. Dazu wurde ein über eine Linearachse geführter Triangulationssensor mit einer theoretischen Auflösung von 0,5 µm verwendet. Bei der metallisch glänzenden Oberfläche konnten noch Genauigkeiten im Bereich von einigen Hundertstel Millimetern erzielt werden. Um eine ausreichende Aussagekraft der Messungen zu erhalten, wurde das Abtragsprofil nach jeweils 10 Überschliffen aufgenommen.

7.2   Experimentell ermittelte Abtragsformen

Die Abtragsversuche wurden an ebenen blankgezogenen Flachstahlabschnitten von 300 mm Länge durchgeführt. Um den Einfluß des Werkzeugverschleißes gering zu halten, kam jeweils ein neues Schleifblatt der Körnung P50 zum Einsatz. Das Schleif-werkzeug hatte bei Versuchsbeginn Raumtemperatur. Die Variation der Bearbeitungs-parameter erfolgte entsprechend den Werten in Tabelle 7.1, bei der die Standardwerte fett gedruckt sind.

Prozeßparameter	Parametervariation									
Drehzahl n [min^{-1}]	-	-	-	2820	3430	4420	5410	6430	7420	**8480**
Anpreßkraft F_G [N]	1	2	3	4	5	6	7	8	9	**10**
Anstellwinkel α [Grad]	3	**5**	10	15	20	-	-	-	-	-

Tabelle 7.1:   Bearbeitungsparameter für die Abtragsversuche

Die Abtragsprofile bei Variation der Drehzahl sind in Bild 7.2 dargestellt. Um einen ein-fachen Vergleich mit den berechneten Kontaktkraftverläufen aus der FEM-Analyse zu ermöglichen, wurden die gemessenen Abtragsprofile auf eine Drehzahl von 9000 1/min normiert und invertiert aufgetragen. Das Abtragsprofil ist im unteren Drehzahlbereich symmetrisch und weist eine Verlagerung von ca. 5 mm relativ zur Werkzeugachse auf. Bei Drehzahlen über 7000 1/min kommt es zu einer stark asymmetrischen Ausprägung des Kontaktkraftverlaufs mit einem peakförmigen Schwerpunkt auf der Einlaufseite und einer zunehmenden Reduzierung im Bereich der Werkzeugachse. An den Eingriffs-grenzen ergibt sich ein kontinuierlicher Übergang von der unbearbeiteten Zone zum Bereich mit Materialabtrag.

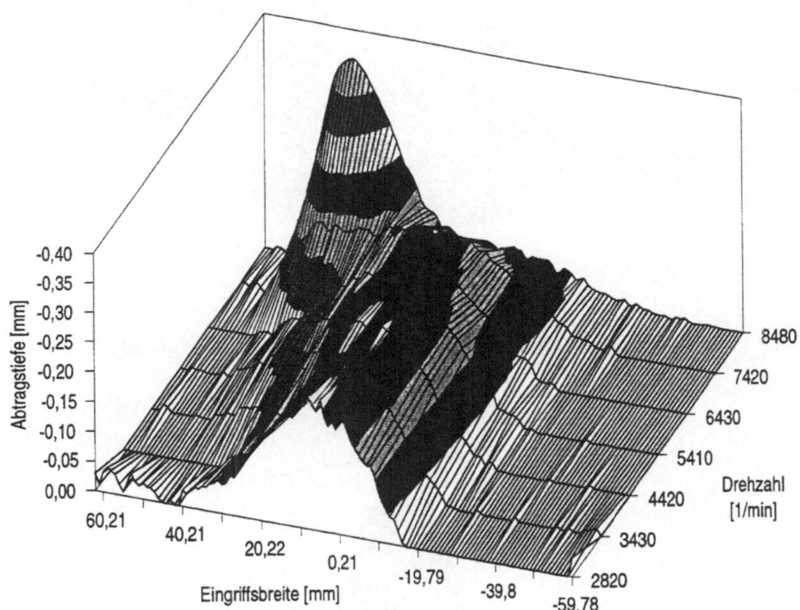

<u>Bild 7.2</u>: Gemessene Abtragsprofile bei Variation der Drehzahl

Für die Anpreßkraftvariation sind die Abtragsprofile in <u>Bild 7.3</u> zu sehen. Für Anpreßkräfte unter 2 N konnte der Abtrag meßtechnisch nicht mehr erfaßt werden. Der Abtragsschwerpunkt liegt durchgängig auf der Einlaufseite des Werkzeugs und ist bei kleinen Anpreßkräften um ca. 20 mm und bei großen Anpreßkräften um ca. 49 mm bezüglich der Werkzeugachse verschoben. Erst bei einer Anpreßkraft von über 4 N kommt es zu einem Eingriff beidseitig der Werkzeugachse. Bei kleineren Anpreßkräften kommt es nur auf der Einlaufseite zu einem Materialabtrag.

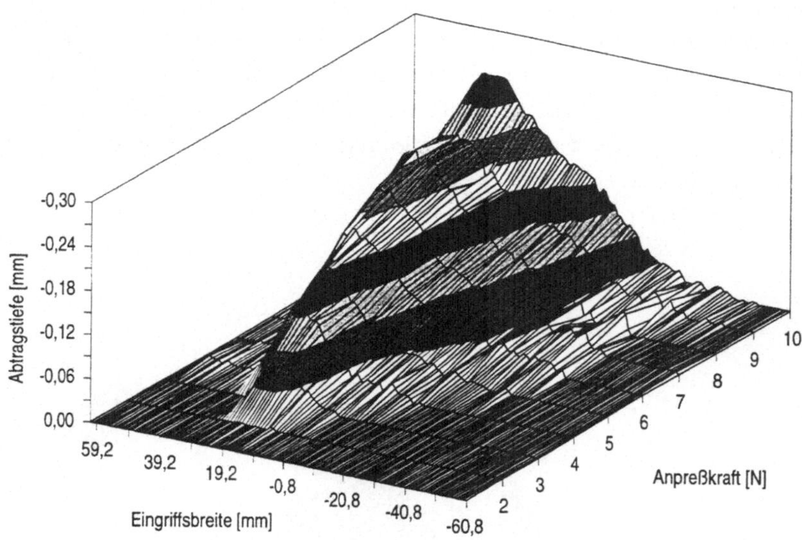

Bild 7.3: Gemessene Abtragsprofile bei Variation der Anpreßkraft (vgl. Bild 6.14)

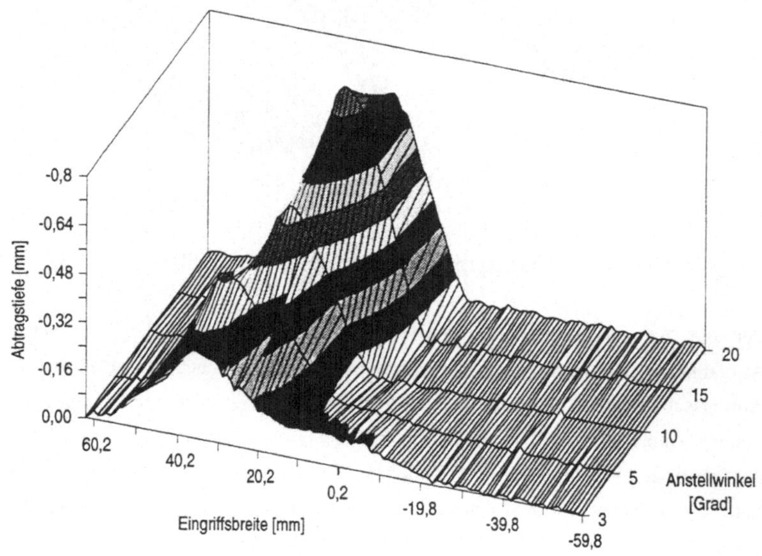

Bild 7.4: Gemessene Abtragsprofile bei Variation des Anstellwinkels (vgl. Bild 6.15)

Bei der Variation des Anstellwinkels ergeben sich Abtragsprofile gemäß <u>Bild 7.4</u>. Kleine Anstellwinkel unter 5 Grad ergeben eine sehr breite Eingriffszone von bis zu 90 mm und haben einen flachen, relativ gleichmäßigen Abtrag zur Folge. Mit zunehmendem Anstellwinkel nimmt die Eingriffsbreite ab und der Abtrag konzentriert sich auf der Einlaufseite auf einen sehr schmalen Bereich. Bei Anstellwinkeln über 10 Grad kommt es nur noch auf der Einlaufseite zu einem Materialabtrag.

7.3 Vergleich der berechneten und experimentell ermittelten Abtragsformen

Für die Variation der Prozeßparameter Drehzahl, Anpreßkraft und Anstellwinkel liegen Ergebnisse sowohl aus der theoretischen FEM-Kontaktanalyse in Form von Kontaktkraftverläufen als auch aus den Schleifversuchen in Form von experimentell ermittelten Abtragsprofilen vor. Die Bewertung der qualitativen und quantitativen Übereinstimmung zwischen Berechnung und Versuch erfolgt anhand der charakteristischen Merkmale eines Abtragsprofils, nämlich der

- Eingriffsbreite,

- Verlagerung der Eingriffszone,

- Lage des Abtragsschwerpunkte und

- charakteristischer Übergänge bei Parameteränderungen.

Die Ergebnisse dieses Vergleichs sind in <u>Tabelle 7.2</u> zusammengestellt.

Die experimentell ermittelte Eingriffsbreite ist durchgängig um ca. 10 mm größer als die aufgrund der Kontaktkräfte berechnete Eingriffsbreite. Zurückzuführen ist dies darauf, daß das Zeitverhalten des Abtragsvorgangs, also das Eindringen in das Werkstück während des Schleifens, bei der Berechnung der Kontaktkräfte nicht berücksichtigt werden konnte. Die Verlagerung der Eingriffszone stimmt für Versuch und Berechnung weitgehend überein, wobei die Werte für den untersten Drehzahlbereich experimentell nicht ermittelt werden konnten. Die Abtragsschwerpunkte weisen ebenfalls eine hohe Übereinstimmung von 80 bis 90 % auf. Die charakteristischen Übergänge im Abtragsverhalten, die sich bei Variation der Prozeßparameter ergeben, stimmen in Theorie und Praxis sehr gut überein.

		Drehzahl [min^{-1}]	Anpreßkraft [N]	Anstellwinkel [Grad]
Variations-breite	FEM	0...9000	1...10	3...20
	Versuch	2800...8500	2...10	3...20
Eingriffsbreite [mm]	FEM	62 ... 70	8 ... 70	86 ... 18
	Versuch	49 ... 82	15 ... 80	96 ... 40
Eingriffsverlagerung [mm]	FEM	0 ... 8	18 ... 8	5 ... 18
	Versuch	5 ... 10	20 ... 2	7 ... 20
Abtragsschwerpunkt [mm]	FEM	0 ... 40	18 ... 40	45 ... 24
	Versuch	5 ... 39	20 ... 49	39 ... 16
charakteristische Übergänge		starke Eingriffs-verlagerung	Übergang auf beidseitigen Eingriff	Übergang auf einseitigen Eingriff
	FEM	ab 6000 [min^{-1}]	ab 4 N	ab 10 Grad
	Versuch	ab 7000 [min^{-1}]	ab 4 N	ab 10 Grad

Tabelle 7.2:   Vergleich der berechneten und experimentell ermittelten Abtragsgrößen

Zusammenfassend kann festgehalten werden, daß die gewählte Modellierung des elastischen Schleiftellers die wesentlichen statischen und dynamischen Effekte des Abtragsverhaltens sehr gut abbildet. Die quantitative Übereinstimmung zwischen berechneter und experimentell ermittelter Abtragskontur ist ebenfalls als gut zu bewerten.

Eine Begrenzung ergibt sich dadurch, daß das Zeitverhalten des Abtragsvorgangs aufgrund begrenzter Rechnerleistung bisher nicht modelliert werden kann. Dies führt dazu, daß die Vergrößerung der Eingriffsbreite durch den Eindringvorgang des Schleifwerkzeugs in der modellgestützten Ermittlung der Abtragskontur keine Berücksichtigung findet.

8   Zusammenfassung und Ausblick

Die Endbearbeitung von Freiformflächen bietet ein sehr hohes, bisher nicht genutztes Automatisierungspotential. Obwohl es viele Ansätze für eine Automatisierung gibt, die zum großen Teil auf der Entwicklung von Sonderwerkzeugen beruhen, überwiegt weiterhin die manuelle Feinbearbeitung mit elastischen Schleifwerkzeugen. Eine Automatisierung auf Basis dieser bei der manuellen Bearbeitung bestens bewährten Werkzeuge ist bisher an deren komplexem Abtragsverhalten gescheitert. Das resultierende Abtragsprofil bei elastischen Schleifwerkzeugen ist in starkem Maße von der lokalen Werkstücktopologie und von den gewählten Bearbeitungsparametern abhängig.

Die Zielsetzung dieser Arbeit bestand darin, die Grundlagen für eine automatisierte Bearbeitung von Freiformflächen mit Standardwerkzeugen zu erarbeiten. Dazu waren die entscheidenden Einflußgrößen für das Abtragsverhalten der elastischen Schleifwerkzeuge zu ermitteln und diejenigen Effekte qualitativ und quantitativ zu modellieren, welche bei einer manuell geführten Bearbeitung intuitiv vom Werker kompensiert werden können, bei einer robotergestützten Bearbeitung das resultierende Abtragsprofil jedoch entscheidend beeinflussen.

In einem ersten Schritt wurden die bisher erfolgten Ansätze zur Automatisierung der Feinbearbeitung von Freiformflächen vorgestellt und analysiert. Daran schloß sich eine Analyse der derzeitigen manuellen Bearbeitung, des betrachteten Werkstückspektrums und der Anforderungen an eine Feinbearbeitung an. Auf Grundlage dieser Analysephase wurde ein Gesamtkonzept für eine automatisierte Feinbearbeitung von Freiformflächen mit elastischen Schleifwerkzeugen erarbeitet. Dazu wurden unterschiedliche Hardwarekomponenten, Systemfunktionen und Bearbeitungsstrategien für eine geregelte und eine gesteuerte Schleifbearbeitung vorgestellt.

Die Modellierung des Abtrags- und Verformungsverhaltens elastischer Schleifteller bildet den Schwerpunkt dieser Arbeit. Ausgehend von Abtragsversuchen wurde eine Abtragsgleichung aufgestellt, welche die resultierende Abtragstiefe eines finiten Schleifelements in Abhängigkeit der Bearbeitungsparameter beschreibt. Dabei zeigte sich, daß die lokalen, auf das Schleifelement wirkenden Kontaktkräfte entscheidend für die resultierende Abtragstiefe sind.

Die theoretische Bestimmung der Kontaktzone und der zugehörigen Kontaktkraftverläufe erfolgte mit einer modifizierten FEM-Kontaktanalyse, bei der die speziellen, drehzahlabhängigen Einflüsse auf das Verformungsverhalten des elastischen Schleiftellers Berücksichtigung finden. Die inneren Trägheitskräfte, die sich aus der axialen Verformung des rotierenden Schleifwerkzeugs ergeben, haben dabei den größten Einfluß auf die Ausprägung des Kontaktbereichs und auf die Kontaktkraftverteilung und damit auf den resultierenden Abtragsquerschnitt.

Die sehr gute qualitative und quantitative Übereinstimmung zwischen den theoretisch ermittelten Kontaktkraftverläufen und dem realen Abtragsverhalten konnte mit entsprechenden Schleifversuchen nachgewiesen werden. Lokale Geometriestörungen wurden nur eingeschränkt betrachtet, da die zeitliche Änderung der Werkstücktopologie während eines Überschliffs bei der Berechnung bisher nicht berücksichtigt werden kann.

Einschränkungen für einen Einsatz der vorgestellten Abtragsmodellierung innerhalb eines Offline-Programmiersystems ergeben sich aus dem hohen Modellierungsaufwand und den derzeit sehr hohen Rechenzeiten. Hier wurden Wege aufgezeigt, um diese Begrenzungen zu umgehen. Für eine praxisnahe Umsetzung der vorliegenden Ergebnisse ist eine echtzeitfähige Abtragsmodellierung unter Berücksichtigung einer zeitlich veränderlichen Werkstücktopologie erforderlich. Dies kann erreicht werden, indem das komplexe dreidimensionale FEM-Modell des elastischen Schleiftellers durch ein zweidimensionales Segmentkettenmodell ersetzt wird. Eine Alternative zur Modellierung bietet auch ein Lernen des komplexen Abtragsverhaltens elastischer Schleifwerkzeuge mittels Neuronaler Netze auf Basis der hier erarbeiteten Grundlagen.

Die Kenntnis des speziellen Abtragsverhaltens elastischer Schleifwerkzeuge, vor allem der drehzahlabhängigen Effekte, ist für eine automatisierte Feinbearbeitung unabdingbar. Damit kann die Ermittlung der Schleifbahnfolge und die Vorgabe der Bearbeitungsparameter bei einer halbautomatisierten Schleifbearbeitung mit empirischer Schleifbahnermittlung gezielt unterstützt werden. Unverzichtbar jedoch ist die Modellierung des dynamischen Werkzeugverhaltens für eine vollautomatisierte Bearbeitung mit einer Offline-Programmierung der Schleifbahnen und Bearbeitungsparameter. Ansätze zur Umsetzung der gewonnenen Erkenntnisse für eine automatisierte Feinbearbeitung von Freiformflächen wurden aufgezeigt.

Literatur

/1/   Spur, G.:   Endbearbeitung durch Schleifen - Schlüsseltechnologie zur
Bereitstellung hochwertiger Produkte.
In: Proceedings zum Deutschen Industrieforum für Techno-
logie "Wirtschaftliche Schleifverfahren", Düsseldorf, 1992.

/2/   Weule, H.;   Stand und Tendenzen bei der Fertigung von Freiformflä-
Schauer, U.:   chen.
VDI-Berichte 1094, S.7...31.

/3/   Altan, T. u.a.:   Advanced Techniques for Die and Mold Manufacturing.
In: Annals of the CIRP Vol. 42/2, 1993.

/4/   Rief, A.:   Untersuchungen zur Verfahrensfolge Laserstrahlschneiden
und -schweißen in der Rohkarosseriefertigung.
Dissertation Uni Erlangen, 1991.

/5/   Gehring, V.:   NC-Bandschleifen als Feinbearbeitungsverfahren für den
Werkzeug- und Formenbau.
VDI-Z 133 (1991)11.

/6/   Erne, H.:   Taktile Sensorführung für Handhabungseinrichtungen -
Systematik und Auslegung sensorgeführter Steuerungen.
Berlin [u.a.]. Springer-Verlag, 1982.

/7/   Sawada, Y.;   End Effektor Design for Robot Machining.
Nishihama, Y.;   In: Proceedings of the 15th ISIR, Tokyo 1985, Vol.1,
Shoji, K.:   S.215...222.

/8/   Roboterwerkzeuge mit pneumatischer Anpreßkraftregelung.
Firmenschrift der Fa. FEIN, Stuttgart.

/9/   Noda, A. u.a.:   Development of Sensor Controlled Robot for Deburring.
In: Proceedings of the 15th ISIR, Tokyo 1985, Vol.1,
S.207...214.

/10/ Morikawa, A.; Development of a Force and Monitoring Sensor for Debur-
Nishine, K.; ring Robot.
Tsurutani, S.: In: Proceedings of the 17th International Symposium on In-
dustrial Robots (ISIR), 1987, S.19.13...19.27.

/11/ Whitney, D.; Metal Removal Models and Process Planning for Robot
Brown, M.: Grinding.
In: Proceedings of the 17th International Symposium on In-
dustrial Robots (ISIR), 1987, S.19.29...19.44.

/12/ Nowicki, B.: The New Method of Free Form Surface Honing.
In: Annals of the CIRP, 1993, Vol.42.1, S.425...428.

/13/ Gehring, V.: NC-Bandschleifen als Feinbearbeitungsverfahren für den
Werkzeug- und Formenbau.
VDI-Z 133 (1991)11.

/14/ Timmermann, S.: Automation of the Surface Finishing in the Manufacturing
of Dies and Molds.
In: Annals of the CIRP, 1990, Vol.39.1, S. 299...303.

/15/ Whitney, D.; Robot Grinding and Finishing of Cast Iron Stamping Dies.
Tung, E.: In: Transactions of the ASME, March 1992, Vol.114,
S.132...140,

/16/ Byrne, D.; The Taguchi Approach to Parameter Design.
Taguchi, S.: In: Proceedings of the ASOC Quality Congress Transactions, Anaheim Canada, 1986.

/17/ Tinkler, M.; Development and Field Testing of a Portable Robotic Sy-
Fihey, J.; stem for Power Plant Component Repair.
McNabb, S.; In: Proceedings of the ISART, 1991, S.95...104.
Hazel, B.:

/18/ Ikonomopoulos, Robot Grinding Cell for Turbine Blades Repair.
A.: In: Proceedings of the IMCR, Aachen, 13.-15.April 1994.

/19/ Schmid, D.; Autonom sensorgeführter Roboter zur Schleifbearbeitung
     Michalak, E.; von Behältersegmenten.
     Zobel, R.: Robotersysteme 6 (1990), S.99...102.

/20/ Vogt, H.-J.: Einsatz von Industrierobotern beim Schleifen geschweißter
     und gegossener Maschinenteile.
     VDI Berichte 1094.

/21/ Matsuura, H. u.a.: Machining/Grinding System for Water Turbine Runner.
     In: Proceedings of the 15th ISIR, 1984, S.199...206.

/22/ Hirose, S.: Connected Differential Mechanism and it's Application.
     In: Proceedings of the '85 ICAR in Tokyo.

/23/ Mizuguchi, O. Automated Finishing System for Large Castings.
     u.a.: In: Proceedings of the 15th ISIR, 1984, S.223...230.

/24/ Kilpi, V. u.a.: Grinding of Ship Propellers with Industrial Robots.
     In: Proceedings of the 25th ISIR, 1994, S.615...620.

/25/ Weule, H.; Automatisierte Feinbearbeitung von Hohlformwerkzeugen.
     Timmermann, S.: wt Werkstattechnik 80 (1990), S.549...555.

/26/ Osterhaus, G.: Verfahrensübergreifende Simulation und Auslegung von
     Schleifprozessen.
     Dissertation RWTH Aachen, 1994.

/27/ König, W.; A Numerical Method to Describe the Kinematics of Grin-
     Steffens, K.: ding.
     In: Annals of the CIRP, 1982, Vol.31.1, S.202...204.

/28/ Saljé, E. u.a.: Schleifen von Rohteilen mit geregeltem Zeitspanvolumen.
     VDI-Z 128 (1986) 23/24, S.935...939.

/29/ Becker, K.: Ultrapräzisionsmaschinen in der Fertigung der optischen In-
     dustrie.
     In: Proceedings zum 6.FBK in Braunschweig, 1990,
     S.11.01...11.16.

/30/ Timmermann, S.: Automatisierung der Feinbearbeitung in der Fertigung von Hohlformwerkzeugen.
Dissertation TH Karlsruhe, 1990.

/31/ Rowe, W. u.a.: The Effect of Deformation on the Contact Area in Grinding.
In: Annals of the CIRP, 1993, Vol. 42.1, S.409...412.

/32/ Tönshoff, H.K.; Schwingungen und Welligkeiten beim Schleifen.
Chen, Y.: VDI-Z 131 (1989)10, S.35...41.

/33/ Saini, D.P., u.a.: Practical Significance of Contact Deflections in Grinding.
In: Annals of the CIRP, 1982, Vol.31.1, S.215...218.

/34/ Folkerts, W.: Beurteilung des statischen und dynamischen Nachgiebig-
keitsverhaltens von Umfangschleifmaschinen unter besonderer Berücksichtigung der Dynamik der Schleifscheibe.
VDW-Forschungsberichte A 7109, 1989.

/35/ Saljé, E.: Grinding Processes, considered as Feedback Control System.
In: Annals of the CIRP, 1978, Vol.27.1.

/36/ Alldieck, J.: Simulation des dynamischen Schleifprozeßverhaltens.
Dissertation RWTH Aachen, 1994.

/37/ Tanaka, Y., u.a.: Elastic Behaviour of Contact Wheel in Belt Grinding.
In: Annals of the CIRP, 1974, Vol.23.1.

/38/ Whitney, D.; Verification of a Dynamic Grinding Model.
Brown, M.: In: Journal of Dynamic Systems, Measurement and Control
110 (1988) 12, S.403...409.

/39/ Tönshoff, K.; Technologie des Mehrachsen-Hohlformfräsens.
Hernandez, J.: HFF-Bericht Nr.10, 12.Umformtechnisches Kolloquium.
TH Hannover 1987, S.20-1...20-14.

/40/ DIN 4760: Gestaltabweichungen - Begriffe und Ordnungs-
system

/41/   Bearbeitungsgenauigkeiten und Toleranzen für die Bearbeitung von Kaplanturbinen.
Vorgaben der Fa. Voith, Heidenheim.

/42/   Nowicki, B.:   The New Method of Free Form Surface Honing.
In: Annals of the CIRP, 1993, Vol.42.1, S.425...428.

/43/   Hammann, G.;
Horn, A.:   Prinzipfindung zum Verschleifen von Laserschweißnähten.
Studie am ISW, Universität Stuttgart,1990.

/44/   Haller, G. u.a.:   Form- und Schneidwerkzeuge - Entwicklung der Herstellung.
HFF-Bericht Nr.6, 10. Umformtechnisches Kolloquium Hannover, 1980.

/45/   Kilpi, V. u.a.:   Grinding of Ship Propellers with Industrial Robots.
In: Proceedings of the 25th ISIR, 1994, S.615...620.

/46/   VDM/IPA-Roboterstatistik 1994.
Roboter (1995) 5, S.10...14.

/47/   Schlaich, P.:   Verfahrensprüfstand für das Bearbeiten mit Industrierobotern.
Berlin [u.a]: Springer-Verlag, 1994.

/48/   Stähle, D.:   Entwurf und Konstruktion eines Roboterwerkzeugs mit integrierter Axialkraftmessung.
Studienarbeit am ISW, Universität Stuttgart, 1988.

/49/   Roboterschleifwerkzeug mit geregelter Anpreßkraft.
Firmenschrift der Fa. Panasonic.

/50/   Schauer, U.:   Qualitätsorientierte Feinbearbeitung mit Industrierobotern.
Dissertation TH Karlsruhe, 1995.

/51/   Hammann, G.
Hokenmaier, W.:   Sensorgestützte Konturfolgesysteme.
Im Seminar: Moderne Regelungs- und Antriebstechnik, FISW GmbH Stuttgart, Februar 1996.

/52/   Horn, A.:   Optische Sensorik zur Bahnführung von Industrierobotern mit hohen Bahngeschwindigkeiten.
Berlin [u.a.]: Springer-Verlag, 1994.

/53/   DIFFRACTO - Dsight Surface Inspection for Quality Analysis.
Firmenschrift der Fa. LOT, Darmstadt.

/54/   WAVESCAN - Optisches Profilometer.
Firmenschrift der Fa. Byk-Gardner.

/55/   Hammann, G.;   Intelligente Sensorysteme in der Automatisierungstechnik.
        Krauß, F.:   Sensor Report 3 (1996), P. Keppler Verlag, S.28...31.

/56/   Hammann, G.   Aufbau einer Prototypenanlage zum Schleifen lasergeschweißter Karosserieteile.
        Horn, A.:   Studie am ISW, Universität Stuttgart, 1992.

/57/   Minges, R.:   Geometrieanalyse für die NC-Programmierung.
VDI-Berichte 1094, S.149...160.

/58/   Hammann, G.;   Oberflächenschleifen mit IR an Karosserieteilen.
        Horn, A.;   Studie am ISW, Universität Stuttgart, 1988.
        Scholl, B.;
        Wagner, R.:

/59/   Kienzle, O.:   Die Bestimmung von Kräften und Leistungen an spanenden Werkzeugen und Werkzeugmaschinen.
Z. Ver. Dt. Ing. 94 (1952) 11, S.299...305.

/60/   Kraftmeßfolien.
Firmenschrift der Fuji Photo Film CO. LTD.

/61/   Miniaturkraftsensor KMD 10.
Firmenschrift der Fa. Wazau, Berlin.

/62/   Hertz, H.:   Über die Berührung fester elastischer Körper.
Gesammelte Werke, Bd. I. Leipzig: Barth, 1895.

/63/ Zienkiewicz,   Methode der finiten Elemente.
     O.C.:   München Wien: Carl Hanser-Verlag, 1975.

/64/ Skinner, R.N.; PERMAS-CA, Analysis of Linear Contact Problems.
     Streiner, P.:   INTES Publication No. 229, Stuttgart, 1985.

/65/ Schrem, E.:   PERMAS Elementatlas.
                     INTES Publication No. UM405, Stuttgart, 1988.

/66/ Schrem, E.:   PERMAS Theory Manual.
                     INTES Publication No. 302, Stuttgart, 1987.

/67/   PATRAN Plus User Manual.
                     PDA-Engineering, München.

/68/ Herrmann, M.:   Beitrag zur Berechnung von Vorgängen der Blechumfor-
                     mung mit der Methode der Finiten Elemente.
                     Berlin [u.a.]: Springer-Verlag, 1991.

/69/   IGRIP
                     Produktinformation der Fa. Deneb.

/70/   ROBCAD
                     Produktinformation der Fa. Technomatix.

/71/   WORKSPACE
                     Produktinformation der Fa. Robot Simulations Ltd.

/72/   Robotersteuerung Rho2.
                     Firmenschrift der Fa. Bosch, Erbach.

ISW Forschung und Praxis

Berichte aus dem Institut für Steuerungstechnik der Werkzeugmaschinen und Fertigungseinrichtungen der Universität Stuttgart

Herausgegeben bis Band 57 von Prof. Dr.-Ing. G. Stute †
ab Band 58 Prof. Dr.-Ing. G. Pritschow

25 O. Klingler, Steuerung spanender Werkzeugmaschinen mit Hilfe von Grenzregel-
einrichtungen (ACC), 124 S., 1979

26 L. Schenke, Auslegung einer technologisch-geometrischen Grenzregelung
für die Fräsbearbeitung, 113 S., 1979

27 H. Wörn, Numerische Steuersysteme-Aufbau und Schnittstellen eines Mehrprozessorsteuersystems, 141 S., 1979

28 P. B. Osofisan, Verbesserung des Datenflusses beim fünfachsigen NC-Fräsen,
104 S., 1979

29 J. Berner, Verknüpfung fertigungstechnischer NC-Programmiersysteme, 101 S., 1979

30 K.-H. Böbel, Rechnerunterstützte Auslegung von Vorschubantrieben, 113 S., 1979

31 W. Dreher, NC-gerechte Beschreibung von Werkstücken in fertigungstechnisch
orientierten Programmiersystemen, 105 S., 1980

32 R. Schurr, Rechnerunterstützte Projektsteuerung hydrostatischer Anlagen, 115 S., 1981

33 W. Sielaff, Fünfachsiges NC-Umfangfräsen verwundener Regelflächen. Beitrag
zur Technologie und Teileprogrammierung, 97 S., 1981

34 J. Hesselbach, Digitale Lageregelung an numerisch gesteuerten Fertigungseinrichtungen, 111 S., 1981

35 P. Fischer, Rechnerunterstützte Erstellung von Schaltplänen am Beispiel der
automatischen Hydraulikplanzeichnung, 111 S., 1981

36 U. Ackermann, Rechnerunterstützte Auswahl elektrischer Antriebe für
spanende Werkzeugmaschinen, 118 S., 1981

37 W. Döttling, Flexible Fertigungssysteme – Steuerung und Überwachung des
Fertigungsablaufs, 105 S., 1981

38 J. Firnau, Flexible Fertigungssysteme – Entwicklung und Erprobung eines
zentralen Steuersystems, 112 S., 1982

39 A. Herrscher, Flexible Fertigungssysteme – Entwurf und Realisierung
prozeßnaher Steuerungsfunktionen, 103 S., 1982

40 U. Spieth, Numerische Steuersysteme – Hardwareaufbau und Ablaufsteuerung
eines Mehrprozessorsteuersystems, 115 S., 1982

41 A. Schimmele, Rechnerunterstützter Entwurf von Funktionssteuerungen für
Fertigungseinrichtungen, 106 S., 1982

42 M. Sanzenbacher, NC-gerechte Beschreibung von Werkstücken mit gekrümmten
Flächen, 105 S., 1982

43 W. Walter, Interaktive NC-Programmierung von Werkstücken mit gekrümmten
Flächen, 112 S., 1982

44 J. Huan, Bahnregelung zur Bahnerzeugung an numerisch gesteuerten
Werkzeugmaschinen, 95 S., 1982

45 H. Erne, Taktile Sensorführung für Handhabungseinrichtungen – Systematik und
Auslegung der Steuerungen, 111 S., 1982

46 D. Plasch, Numerische Steuersysteme – Standardisierte Softwareschnittstellen in
Mehrprozessor-Steuersystemen, 112 S., 1983

47 Z. L. Wang, NC-Programmierung – Maschinennaher Einsatz von fertigungstechnisch
orientierten Programmiersystemen, 103 S., 1983

48 J. Schwager, Diagnose steuerungsexterner Fehler an Fertigungseinrichtungen,
121 S., 1983

49 P. Klemm, Strukturierung von flexiblen Bediensystemen für numerische
Steuerungen, 113 S., 1984

50   W. Runge, Simulation des dynamischen Verhaltens elektrohydraulischer Schaltungen –
     Einsatz von geräteorientierten, universellen Simulationsbausteinen, 132 S., 1984

51   H. Steinhilber, Planung und Realisierung von Werkzeugversorgungssystemen
     für die NC-Bearbeitung, 126 S., 1984

52   R. Ohnheiser, Integrierte Erstellung numerischer Steuerdaten für flexible
     Fertigungssysteme, 115 S., 1984

53   M. Keppeler, Führungsgrößenerzeugung für numerisch bahngesteuerte Industrie-
     roboter, 125 S., 1984

54   P. Kohler, Automatisiertes Messen mit NC-Werkzeugmaschinen, 129 S., 1985

55   K.-H. Rieger, Rechnerunterstützte Projektierung der Hardware und Software von
     Speicherprogrammierten Steuerungen, 123 S., 1985

56   G. Vogt, Digitale Regelung von Asynchronmotoren für numerisch gesteuerte
     Fertigungseinrichtungen, 126 S., 1985

57   S. Chmielnicki, Flexible Fertigungssysteme – Simulation der Prozesse als Hilfsmittel
     zur Planung und zum Test von Steuerprogrammen, 120 S., 1985

58   W. Renn, Struktur und Aufbau prozeßnaher Steuergeräte zur Verkettung in flexiblen
     Fertigungssystemen, 137 S., 1986

59   K. Harig, Quantisierung im Lageregelkreis numerisch gesteuerter Fertigungs-
     einrichtungen, 113 S., 1986

60   H. Frank, Programmier- und Überwachungsfunktionen für teileartbezogene
     NC-Werkzeugmaschinen, 115 S., 1986

61   H. Möller, Integrierte Überwachungs- und Diagnose-Systeme für numerische
     Steuerungen, 131 S., 1986

62   H. Fink, Einsatz speicherprogrammierbarer Steuerungen in der Fertigungs-
     technik, 126 S., 1986

63   J. Fleckenstein, Zustandsgraphen für SPS – Grafikunterstützte Programmierung und
     steuerungsunabhängige Darstellung, 139 S., 1987

64   E. Wagner, Steuerungen von Koordinatenmeßgeräten mit schaltenden und messenden
     Tastsystemen, 133 S., 1987

65   W. Grimm, Diagnosesystem für steuerungsperiphere Fehler an Fertigungs-
     einrichtungen, 143 S., 1987

66   W. Swoboda, Digitale Lageregelung für Maschinen mit schwach gedämpften
     schwingungsfähigen Bewegungsachsen, 141 S., 1987

67   G. Gruhler, Sensorgeführte Programmierung bahngesteuerter Industrieroboter,
     119 S., 1987

68   B. Walker, Konfigurierbarer Funktionsblock Geometriedatenverarbeitung für numerische
     Steuerungen, 125 S., 1987

69   J. Mayer, Werkzeugorganisation für flexible Fertigungszellen und -systeme, 126 S., 1988

70   R. Lederer, Programmierung von NC-Drehmaschinen mit mehreren Werkzeug-
     schlitten, 120 S., 1988

71   G. Häberle, NC-Musterprogrammierung für die rechnerintegrierte Textil-
     fertigung, 127 S., 1988

72   D. Pfeiffer, Kompensation thermisch bedingter Bearbeitungsfehler durch prozeßnahe
     Qualitätsregelung, 135 S., 1988

73   W. Schmidt, Grafikunterstütztes Simulationssystem für komplexe Bearbeitungsvorgänge
     in numerischen Steuerungen, 141 S., 1988

74   M. Egner, Hochdynamische Lageregelung mit elektrohydraulischen Antrieben,
     147 S., 1988

75   W. Schittenhelm, Konfigurierbares Bedienungssystem für Steuerungen an Fertigungs-
     einrichtungen, 136 S., 1988

76   D. Scheifele, Grafisch dynamische Simulation des Bearbeitungsvorgangs für
     Doppelschlittendrehmaschinen, 121 S., 1988

77   G. Keuper, Automatisierte Identifikation der Streckenparameter servohydraulischer
     Vorschubantriebe, 152 S., 1989

78   K.-H. Kayser, Kollisionserkennung in numerischen Steuerungen mit der Distanz-
     feldmethode, 131 S., 1989

79   R. Viefhaus, Fräsergeometriekorrektur in Numerischen Steuerungen für das
     fünfachsige Fräsen, 157 S., 1989

80   J. Zirbs, Fertigungsgerechte Aufbereitung von Flächenverbänden bei der NC-
     Programmierung im Formenbau, 130 S., 1989

81   W. Ruoff, Optische Sensorsysteme zur On-line-Führung von Industrierobotern,
     123 S., 1989

82   M. Jantzer, Bahnverhalten und Regelung fahrerloser Transportsysteme ohne
     Spurbindung, 131 S., 1990

83   H. Schumacher, Einheitliche Programmierung von Automatisierungskomponenten
     roboterbestückter Bearbeitungs- und Montagezellen, 116 S., 1991

84   J. Schimonyi, NC-Programmierung für das Werkzeugschleifen, 122 S., 1991

85   K.-H. Wurst, Flexible Robotersysteme – Konzeption und Realisierung modularer
     Roboterkomponenten, 164 S., 1991

86   R. Hagl, Erhöhung der Verfügbarkeit von Vorschubantrieben mit selbstanpassender
     Lageregelung, 126 S., 1991

87   G. Krebser, Betriebssystem für NC mit einheitlichen Schnittstellen, 130 S., 1992

88   W.-T. Lei, Flächenorientierte Steuerdatenaufbereitung für das fünfachsige Fräsen,
     134 S., 1992

89   G. Diehl, Steuerungsperipheres Diagnosesystem für Fertigungseinrichtungen auf Basis
     überwachungsgerechter Komponenten, 140 S., 1992

90   U. Nepustil, Offene NC-Schnittstellen zur Korrektur von Fertigungsfehlern, 133 S., 1992

91   M. Bauder, Konfigurierbare Robotersteuerung mit allgemeiner Transformation, 120 S., 1992

92   W. Philipp, Regelung mechanisch steifer Direktantriebe für Werkzeugmaschinen,
     118 S., 1992

93   G. M. Härdtner, Wissensstrukturierung in Diagnoseexpertensystemen für Fertigungs-
     einrichtungen, 135 S., 1992

94   H. Wiedmann, Objektorientierte Wissensrepräsentation für die modellbasierte Diagnose an
     Fertigungseinrichtungen, 151 S., 1993

95   H. Rudloff, Hochgenaue Konturerzeugung bei Bewegungsachsen mit einer dominanten
     mechanischen Resonanzstelle, 151 S., 1993

96   K. Brantner, Adaptierbares Leitsteuerungssystem für flexible Produktionssysteme,
     142 S., 1993

97   W. Kugler, Kommunikationsmechanismen für offene Numerische Steuerungssysteme,
     136 S., 1994

98   B. Schnurr, Elektrodynamisches Antriebssystem zur Unrundbearbeitung
     175 S., 1994

99   J. Schneider, Fehlerreaktion mit Speicherprogrammierbaren Steuerungen – ein Beitrag
     zur Fehlertoleranz, 117 S., 1994

100 U. Siewert, Systematische Erstellung adaptierbarer Leitsteuerungssoftware am Beispiel
     der Durchsetzungsplanung, 155 S., 1994

101 G. F. J. Heger, Maschinenferner Qualitätsregelkreis in flexiblen Fertigungssystemen,
134 S., 1994

102 W. Hofmeister, Objektorientiert strukturiertes Programmiersystem für NC-Mehrschlitten-
maschinen, 113 S., 1994

103 A. Horn, Optische Sensorik zur Bahnführung von Industrierobotern mit hohen Bahngeschwindigkeiten, 132 S., 1994

104 U. Rentschler, Fehlertolerantes Präzisionsfügen, 128 S., 1995

105 G. Junghans, Modulares grafikunterstütztes Simulationssystem für Bearbeitungs- und
Handhabungsvorgänge, 145 S., 1995

106 J. Heller, Sensorgestützte Bewegungserzeugung leitlinienloser Transportfahrzeuge,
123 S., 1995

107 E. Wieland, Anwendungsorientierte Programmierung für die robotergestützte Montage,
137 S., 1995

108 G. Ketterer, Automatisierte Inbetriebnahme elektromechanischer, elastisch gekoppelter
Bewegungsachsen, 176 S., 1995

109 Th. Reibetanz, Situationsorientierte Bearbeitungsmodellierung zur NC-Programmierung,
120 S., 1995

110 O. Frager, Durchgängige Programmierung von Fertigungszellen, 135 S., 1996

111 R. Ordenewitz, Betriebsweite Bereitstellung von Werkzeuginformationen, 144 S., 1996

112 C. Daniel, Dynamisches Konfigurieren von Steuerungssoftware für offene Systeme,
124 S., 1996

113 R. Angerbauer, Anwenderorientierte Programmierung fahrerloser Transportsysteme,
141 S., 1996

114 F. Krauß, Splineverarbeitung in numerischen Steuerungen für das fünfachsige Fräsen,
118 S., 1996

115 K.-M. Schittenhelm, Einsatz vorgefilterter Führungsgrößen für Bewegungsachsen
zur Bahnerzeugung, 123 S., 1997

116 U. Häberle, Einheitliche Anwenderschnittstelle für Feldbussysteme, 131 S., 1997

117 U. Strassacker, Testumgebung für die Implementierung und Inbetriebnahme eines
adaptierbaren Leitsteuerungssystems, 162 S., 1997

118 B. Renz, Hochdynamische Strahllagekorrektursysteme zur Erhöhung der Bahngenauigkeit
von CO2-Laserbearbeitungsmaschinen, 189 S., 1997

119 C. Itterheim, Objektorientiertes Bearbeitungsmodell für Freiformflächen
– Erstellung und maschinengebundene Modifikation –, 136 S., 1997

120 J. Müller, Objektorientierte Softwareentwicklung für offene numerische Steuerungen,
132 S., 1997

121 M. Glöckler, Verbesserung des Störverhaltens elektrohydraulischer lagegeregelter
Zylinderantriebe, 137 S., 1998

122 J. Uhl, Entwurfssystematik für ein dezentral strukturiertes, objektorientiertes
Fertigungsleitsystem, 152 S., 1998

123 G. Hammann, Modellierung des Abtragsverhaltens elastischer, robotergeführter
Schleifwerkzeuge, 131 S., 1998

Die Bände ISW 1 bis ISW 106 sind vergriffen.

Die Bände sind im Erscheinungsjahr und in den folgenden drei Kalenderjahren zu beziehen durch
den örtlichen Buchhandel oder durch Lange & Springer, Otto-Suhr-Allee 26-28, 10585 Berlin.